三维编织碳纤维
复合材料参数化
设计及性能仿真

PARAMETRIC DESIGN AND
PERFORMANCE SIMUIATION
OF THREE-DIMENSIONAI
BRAIDED CARBON FIBER
COMPOSITES

王旭鹏　林文周　张卫亮

等 著————————

化学工业出版社

·北京·

内 容 简 介

随着编织工艺的快速提升、制作成本的降低以及工业发展对材料特殊性能的需求，编织复合材料的应用越来越广泛。本书对编织复合材料进行参数化设计、力学性能分析和工程应用等方面研究，给出了编织复合材料从结构设计到性能评估的系统方法。本书共 8 章，内容涉及 2.5D 和三维编织复合材料结构的细观尺度建模、参数化设计系统开发和力学性能预测等方面。

本书可供编织复合材料研究和应用的科研工作者、高年级本科生、研究生和相关工程技术人员参考。

图书在版编目（CIP）数据

三维编织碳纤维复合材料参数化设计及性能仿真/王旭鹏
等著 . —北京：化学工业出版社，2023.11
ISBN 978-7-122-44393-9

Ⅰ.①三⋯　Ⅱ.①王⋯　Ⅲ.①三维编织-碳纤维增强复合
材料-参数-设计②三维编织-碳纤维增强复合材料-性能-仿真
Ⅳ.①TB334

中国国家版本馆 CIP 数据核字（2023）第 209317 号

责任编辑：陈　喆　　　　　　　　　装帧设计：刘丽华
责任校对：杜杏然

出版发行：化学工业出版社（北京市东城区青年湖南街 13 号　邮政编码 100011）
印　　装：北京盛通数码印刷有限公司
710mm×1000mm　1/16　印张 12　字数 225 千字　2023 年 11 月北京第 1 版第 1 次印刷

购书咨询：010-64518888　　　　　　售后服务：010-64518899
网　　址：http://www.cip.com.cn
凡购买本书，如有缺损质量问题，本社销售中心负责调换。

定　　价：128.00 元

随着编织工艺的快速提升、制作成本的降低以及工业发展对材料特殊性能的需求，三维编织复合材料目前被航空、航天、军事、航海、交通运输和医疗等领域广泛使用。

相比于传统材料，三维编织复合材料中的编织纤维作为增强体在空间形成复杂交错的网状结构，从而使得三维编织复合材料具有重量轻、韧性好、抗疲劳和抗腐蚀能力强、抗冲击损伤和层间连接强度优异、材料参数可设计等诸多优势。目前，编织复合材料参数化建模、性能预测分析和应用等越来越多地被学术界和工程界关注。

本书第 1 章介绍了目前相关领域的研究现状；第 2 章介绍了目前三维编织碳纤维复合材料相关基本理论；第 3 章分别建立了三维五向矩形单胞结构模型、2.5D 编织复合材料模型和三维五向圆形横向编织单胞结构模型，基于上述模型对复合材料细观结构进行参数化设计；第 4 章以三维五向编织复合材料为例，基于 SolidWorks 2018 开发平台，使用 Solid-Works API 作为接口函数，采用 VB.NET 作为编程语言实现复合材料单胞几何模型的参数化建模，完成了三维五向编织复合材料参数化设计系统的开发，系统化构建了编织工艺参数与复合材料结构的联系；由于目前对编织复合材料进行有限元分析时，Abaqus 软件使用较为普遍，因此，第 5 章对 Abaqus 软件进行了介绍；第 6 章推导出了圆形横向编织单胞任意纱线所在局部坐标系和整体坐标系之间的应力转换矩阵，对复合材料力学性能进行预测等；第 7 章对矩形和三维五向圆形横向编织复合材料力学性能影响规律进行研究；第 8 章以 2.5D 浅交弯联编织和三维五向编织复合材料齿轮为研究对象，将复合材料应用在齿轮和减速器箱体之上。

本书所涉及的主要研究内容为近几年我们课题组在复合材料相关领域的研究成果，希望对于从事复合材料研究和应用的人员有所帮助。

本书具体编写分工如下：第 2、6 章由王旭鹏撰写；第 5、8 章由林文周撰写；第 1 章由张卫亮撰写；第 3、7 章由刘峰峰撰写；第 4 章由刘舒伟撰写。为了方便读者阅读参考，本书插图经汇总整理，制作成二维码放于封底，有需要的读者可扫码查看。

在本书编写过程中，作者深感知识不足，因此，书中的不足之处敬请读者批评指正。

著 者

2023 年于西安

目　录

第 **1** 章
绪论

1.1 概述

三维编织复合材料是利用编织技术将高性能纤维按照一定运动规律编织为具有特定结构形状的预制体，然后将预制体与基体复合、压紧、固化，从而制成复合材料制件的新型材料。相比于传统材料，三维编织复合材料中的编织纤维作为增强体在空间形成复杂交错的网状结构，从而使得三维编织复合材料具有重量轻、韧性好、抗疲劳和抗腐蚀能力强、抗冲击损伤和层间连接强度优异、材料参数可设计等诸多优势。自 20 世纪 80 年代三维编织复合材料出现以来，随着编织工艺的快速提升、制作成本的降低以及工业发展对材料特殊性能的需求，三维编织复合材料目前被航空、航天、军事、航海、交通运输和医疗等领域广泛使用。

在航空和航天领域，由于三维编织复合材料能够很好地满足航空、航天对材料结构减重和耐高温性能的要求，美国航空航天局（NASA）自 1988 年通过先进复合材料技术（ACT）计划开展编织复合材料的研究，并将碳纤维编织复合材料方面研究成果应用在航天发动机耐高温元件的生产上，相比于传统合金材料，碳纤维编织复合材料在航天发动机上的应用使发动机减重 30%～50%。目前，三维编织复合材料已经在火箭发动机喷管喉衬和传动轴、航天飞机鼻锥和风扇叶片 ［图 1-1(a)］、卫星吸波防护层和"嫦娥系列"空间桁架 ［图 1-1(c)］、卫星喇叭天线和天线支撑等部件上成功应用。

在军事、航海和交通领域，由于质量轻、韧性好、抗疲劳和抗腐蚀能力强的优点，20 世纪 90 年代，美国的 Brunswick 公司利用三维编织复合材料制作导弹弹翼和发射筒等部件，俄罗斯将三维编织复合材料应用在潜地导弹发动机喷管延伸锥的制作上，此外，相关数据显示 2013 年首飞，由欧洲空客公司研制的 A350

XWB 客机中碳纤维复合材料的使用率已达到 53%。目前，三维编织复合材料被应用于制作飞机机翼和机体骨架、飞机整流罩、承力梁和起落架［图 1-1(b)］、巡航导弹筒身［图 1-1(e)］、复杂的螺旋桨、舰艇甲板防护板以及导弹冲击遮护板、碳纤维汽车保险杠［图 1-1(d)］等。

(a) 发动机风扇叶片　　　　　　　　　　　　　(b) 飞机起落架

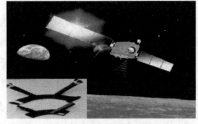

(c) 卫星空间桁架　　　　　　　　　　(d) 碳纤维汽车保险杠

(e) JASSM巡航导弹筒身　　　(f) 编织复合材料头盔　　　(g) 假肢

图 1-1　三维编织复合材料应用领域

在医学领域，由于重量轻、力学性能优异和性能可设计等特点，三维编织复合材料可作为生物医学材料，如人工支架、人造骨组织、复合材料头盔［图 1-1(f)］、牙体和假肢［图 1-1(g)］等。

在上述三维编织复合材料应用的背景下，对三维编织复合材料编织原理和编织方式进行深入分析，进而建立相对准确、合理的复合材料性能参数化模型，通过有限元和数值分析的方法，对不同编织方式、编织参数的三维编织复合材料性能进行研究，对于复合材料的应用和推广具有一定的实际意义。

1.2　国内外相关领域研究现状

编织复合材料中的纱线作为复合材料的增强体和骨架，其空间几何结构比较复杂并影响复合材料的力学性能，然而由于编织过程中携纱器遵循运动一定的规律，导致纱线预制件的微观结构呈现良好的周期性，这一特点为材料微观结构的研究提供了极大便利。

1.2.1　三维编织复合材料微观结构研究现状

三维编织材料的分类办法很多，按编织技术可分为编织、机织、针织和缝合，按横截面形状可分为矩形、圆形和异形编织。

(1) 矩形编织几何结构
为了构建矩形编织合理的微观结构准确预测复合材料的性能，20 世纪 80 年代初，Ko 首次尝试用四根沿对角线方向交叉的纱束立方体模型，描述编织复合材料中纤维纱线的空间结构，以 Ko 模型为基础，Yang 和 Ma 等建立了一种纤维倾斜模型（图 1-2）。然而，上述模型作为对编织复合材料几何结构的探索，不能准确描述单胞的微观结构。到 90 年代，Wang 等通过在编织周期中追踪空间纱线节点，得到纱线在编织过程中的拓扑结构，北京宇航系统工程研究所 Wu 从编织几何学角度出发，提出将四步法三维五向编织复合材料的微观模型分为基元（B、C）、面元（F、C）和柱元（R、C）三类单元（图 1-3），在 Wu 的模型基础上，Chen 等导出了四步法矩形预制件中三类单胞和整个编织复合材料体积分数的表达式。

在上述研究基础上，李典森、卢子兴等分别通过数值和实验观测的方式，研究了编织参数对物理特性的影响。冯驰、Xu 和张超等根据体积元（RVE）的思想，建立了三维四向、五向编织复合材料单胞实体模型。近几年，随着仿真和图像处理技术的快速发展，马明、Fang 和 Huang 等建立了考虑纱线挤压变形、纱线扭曲和纱线路径偏移等细节的模型，Shi 等在此基础上建立了三维四向和五向编织复合材料的细观和全尺寸宏观几何模型。

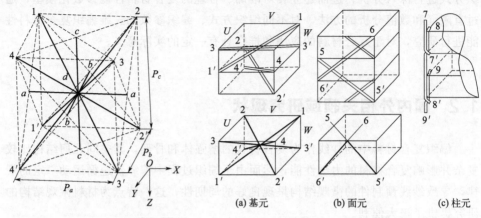

图 1-2 Yang 和 Ma 等单胞模型 　　　　　　　　**图 1-3** Wu 单胞模型

(a) 基元　　　　　　(b) 面元　　　　　　(c) 柱元

(2) 圆形编织几何结构

　　除了矩形编织外，航天、航空领域的圆管接头、传动轴、辊轴和巡航导弹筒身等部件则需要圆形管状结构的复合材料，因此，必须对预制件做圆形编织。在矩形编织原理的基础上，诸多学者以空间纱线交织结构为出发点研究圆形编织单胞模型和几何结构。Du、陈利和 Sun 等根据携纱器的运动，详细研究了圆形编织预制件中径向尺寸、芯轴尺寸、节距长度等参数与单胞编织角、纤维体积分数和纱线倾角之间的关系。姜卫平、Li、Ma 和 Wu 等将圆形编织物单胞划分为外边纱层、芯纱层和内边纱层三部分（图 1-4）。

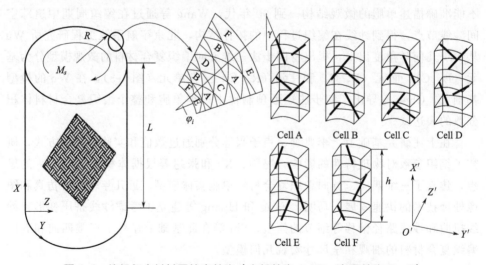

图 1-4 编织复合材料圆柱壳单胞（内部单胞 A~D，表面单胞 E~F）

基于上述陈利、Sun 和 Li 的研究基础，章宇界、Wang 等分别利用 CATIA 软件和显微计算机断层扫描技术，较为全面完成了圆形编织管的建模。近几年，Pan、Liu 等基于上述三维编织管模型，建立了不同编织角复合材料管的全尺寸细观结构有限元模型，研究制造缺陷和编织角对力学性能的影响。

(3) 异形编织几何结构

除了上述矩形和圆形两种基本的编织方式外，异形编织是对两种基本的编织方式进行组合或者根据特殊应用需求对编织方式进行设计，如 T 型梁、工字梁、直升机摇臂和复合材料接头等。目前异形编织已成为复合材料领域应用和研究的热点。

如图 1-5 所示，Hong 等建立了考虑纱线、基体和接触边界的编织复合材料桁架接头三维模型，Zhou 等建立复合材料工字梁的几何模型，张威利用软件 Abaqus 建立了编织复合材料 T 型梁冲击压缩有限元模型。

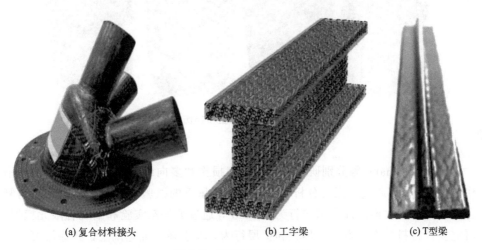

|(a) 复合材料接头|(b) 工字梁|(c) T型梁|

图 1-5 异形编织复合材料

目前对于不同编织方式和编织类型复合材料单胞结构的研究较为成熟，能够通过软件建立相对准确、合理的复合材料单胞模型。

1.2.2 三维编织复合材料力学特性研究现状

三维编织复合材料力学性能与其微观结构、组分材料性能和界面特性等因素密切相关，因此，很难通过单一实验观测研究材料的力学性能，目前，很多研究工作都是通过计算机模拟和实验相结合的办法研究材料的力学特性。

(1) 编织复合材料损伤和疲劳特性

Tao 等采用有限元分析的办法，研究矩形编织复合材料的非线性响应和失效，得到材料的损伤演化过程。图 1-6 为复合材料管模型和损伤分析结果。

图 1-6　复合材料管模型和损伤分析结果

Fang 和 Zhang 等分别研究了单轴压缩损伤和多向编织复合材料高速冲击损伤特性。Hu 等通过有限元分析和不同冲击能量下的试验，研究了不同编织角复合材料梁的多次横向冲击损伤行为。Zhao 等通过准静态实验和细观有限元模拟，研究复合材料损伤的发生、累积和扩展行为。在上述研究基础上，张徐梁等通过准静态轴向压溃及光学观察，研究了三维编织复合材料薄壁圆管压溃吸能特性与损伤机制。Ouyang 等通过三维五向编织 T 字梁复合材料在室温下的静态三点弯曲、疲劳性能实验，研究在不同应力水平下材料的破坏机理。

(2) 编织参数、温度和冲击对力学特性的影响

为了研究编织参数和力学特性之间的关系，Wang、Zhang 等分别通过数值分析和 ABAQUS 软件研究了编织角和纤维体积含量对三种矩形单胞弹性性能的影响。Guo 和 Zhao 等分别通过有限元分析和分离式霍普金森压杆（SHPB）实验，研究编织角对复合材料力学性能的影响。图 1-7 为温度对复合材料管损伤影响。

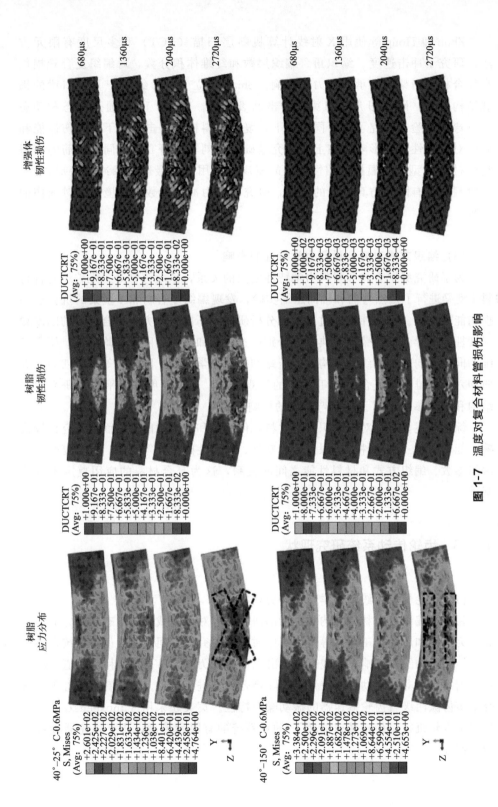

图1-7 温度对复合材料管损伤影响

Zhou 和 Hong 等使用 X 射线计算机断层扫描（XCT）和多尺度有限元方法，研究了冲击速度、编织角、编织层数和纤维体积分数，对编织复合管损伤和复合材料桁架接头承载能力的影响。Shi 等建立了矩形编织 U 形切口梁的细观结构模型，研究 U 形缺口梁的冲击断裂行为。Liu 和 Jia 等通过静态和动态三点弯曲试验，研究了在不同温度下，复合材料横向冲击压缩下的损伤性能和温度对力学性能的影响。在上述研究基础上，刘军等研究了不同高度筋的编织复合材料 T 型梁低温抗弯曲性能。胡美琪等利用高速摄影记录冲击变形过程、试验测试和有限元仿真分析的方法，研究了应力冲击次数和环境温度对损伤的影响。

（3）编织方式对复合材料力学特性的影响

为了研究编织方式和材料力学特性之间的关系，Yau 等针对三维编织复合材料 I 型梁进行了四点弯曲和轴向压缩实验，发现编织复合材料 I 型梁的抗分层和损伤能力良好。董纪伟等通过有限元分析研究了不同编织方式复合材料的刚度和强度性能差异。沈怀荣和李典森等分别通过实验和改进的刚度平均化法，研究三维四向、五向两种编织圆管构件的压缩和扭转力学性能。陈光伟等基于四向、五向和六向三维编织复合材料 T 型梁的细观结构，采用刚度体积平均法研究编织结构和编织参数对 T 型梁抗弯性能的影响。

综上所述，目前对于编织复合材料几何结构和力学性能等方面的研究比较成熟，能够通过三维软件、有限元分析软件、材料性能试验等方式，分析复合材料编织参数、编织方式和材料性能之间的关系，这为复合材料的应用奠定了理论基础。

1.2.3　齿轮传动系统研究现状

（1）齿轮传动系统动力学特性研究现状

相比于编织复合材料结构和性能的研究，针对齿轮减速器动态特性方面的研究较为成熟和广泛。王树国等采用集中质量法研究了多间隙两级齿轮系统在各种非线性因素的综合影响下非线性振动分岔特性。万熠、Wang 等利用数值方法对齿轮副系统的非线性动力学特性和故障耦合特性进行研究。杨富春、王胜男等研究了多齿隙两级直齿轮减速器的振动噪声特性。莫文超采用 Timoshenko 梁理论建立了汽轮机行星齿轮减速器转子-轴承系统的有限元模型，研究减速器轴系动力学特性。

(2) 箱体结合面接触刚度研究现状

目前，箱体结合面法向刚度方面的研究主要集中在通过理论分析，建立接触刚度的数学模型，利用数值分析办法研究接触参数与接触刚度之间的关系等方面。陈建江、王润琼等分别利用双变量 Weierstrass-Mandelbrot 函数和引入微接触截面积分布函数，建立了尺度相关的三维分形结合面法向接触刚度模型，并考虑与微凸体之间的相互影响研究了机械设备结合面接触刚度。孙见君、陈虹旭和王颜辉等研究了分形维数、尺度系数和接触压力对法向接触刚度的影响，基于修正的赫兹接触分形理论，数值分析法向接触刚度和接触参数之间的关系。

(3) 编织复合材料齿轮研究现状

近几年，对三维编织齿轮的研究主要集中在轻量化、编织复合材料齿轮参数化设计和齿轮力学性能研究等方面。然而，针对啮合复合材料齿轮和箱体动态特性分析方面的系统性研究较少。Shadi 等研究了质量减轻成对啮合直齿轮的动态影响。Mijiyawa 等研究了聚丙烯/木材复合材料在齿轮上的应用对齿轮弹性模量和拉伸强度的影响。Mohsenzadeh、TAVČAR 等利用齿轮试验台和有限元分析的办法，研究了复合材料齿轮的磨损、热行为和不同的摩擦系数下的失效机制。Roberts、刘峰峰等对复合材料齿轮进行轻量化和参数化设计。Catera 和 Waller 研究了混合金属-复合材料齿轮的固有频率和轻量化特性（图 1-8）。

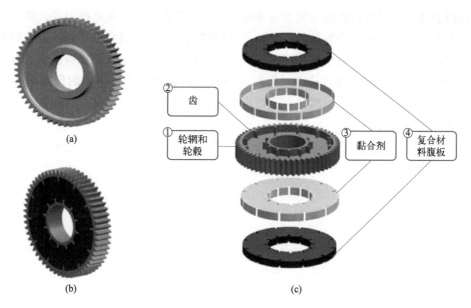

图 1-8 Catera 设计的复合材料齿轮

1.3 现有研究中存在的问题

目前对于编织复合材料性能和应用、编织复合材料齿轮和齿轮传动系统等方面研究具有较好的研究基础。众所周知，齿轮减速器作为一种在航天、航空和航海等领域广泛使用的重要部件，在上述研究背景下，进一步将编织复合材料应用在减速器齿轮和箱体等零件上，不但可以实现装备的轻量化，而且轻量化可导致部件动力学特性的变化，然而目前对于动力学特性方面的研究较少，在此背景下开展三维编织复合材料两级齿轮减速器动态特性分析及应用研究，具有非常好的理论价值和工程应用价值。

1.4 本书主要研究内容

通过理论分析和数值仿真的方法实施对复合材料的物理特性、力学特性和工程应用等方面的研究。具体研究内容如下：①通过编织运动过程纱线节点位置坐标变换，得到三维五向圆形横向编织复合材料的编织角度、单胞模型基体体积、纤维体积、纤维体积含量和质量等物理特性参数化计算公式，分析编织参数对复合材料物理特性的影响。②利用体积平均法推导出三维五向圆形横向编织复合材料总体刚度矩阵和纱线体积含量等编织参数计算公式，研究单胞内径、单胞层高和花节长度等编织参数对复合材料力学性能的影响。③研究三维编织齿轮的编织原理，建立两级齿轮啮合系统的有限元分析模型，对编织复合材料齿轮啮合力学特性和参数化建模进行研究。④对三维五向复合材料编织箱体的编织成型原理、三维建模等方面进行研究，通过应力和应变分析研究编织复合材料箱体中基体和纤维的受力。

参考
文献

[1] Mouritz A，Bannister M，Falzon P，et al. Review of Applications for Advanced Three-dimensional Fibre Textile Composites [J]. Composites Part A：Applied Science and Manufacturing，1999，30（12）：1445-1461.

[2] Zhang D，Zheng X，Wang Z，et al. Effects of braiding architectures on damage resistance and damage tolerance behaviors of 3D braided composites [J]. Composite Structures，2020，232（1）：111565. 1-111565. 12.

[3] 高兴忠. 三维编织碳纤维/环氧树脂复合材料多次冲击压缩破坏机理及其编织角效应 [D]. 上海：东华大学博士学位论文，2019.

[4] He C W，Ge J R，Qi D X，et al. A multiscale elasto-plastic damage model for the nonlinear behavior of 3D braided composites[J]. Composites Science and Technology，2019，171：21-33.

[5] He C，Ge J，Zhang B，et al. A hierarchical multiscale model for the elastic-plastic damage behavior of 3D braided composites at high temperature [J]. Composites Science and Technology，2020，196：108230.

[6] 梁双强. 开孔三维编织复合材料力学性能研究 [D]. 上海：东华大学博士学位论文，2020.

[7] 韩新星. 基于聚类分析的编织复合材料多尺度计算方法研究 [D]. 哈尔滨：哈尔滨工业大学博士学位论文，2020.

[8] 李伟. 三维编织复合材料微细观烧蚀行为及高温力学响应研究 [D]. 哈尔滨：哈尔滨工业大学博士学位论文，2020.

[9] 董纪伟. 基于均匀化理论的三维编织复合材料宏细观力学性能的数值模拟 [D]. 南京：南京航空航天大学博士学位论文，2007.

[10] Dexter H，Raju I，Poe C. A review of NASA textile composites research [C]. 38th Structures，Structural Dynamics and Materials Conference，1997.

[11] Tenney D R，Davis J G，Johnston N J，et al. Structural Framework for Flight：NASA's Role in Development of Advanced Composite Materials for Aircraft and Space Structures，2011.

[12] 翟军军. 基于多尺度理论的三维编织复合材料力学性能研究 [D]. 哈尔滨：哈尔滨理工大学博士学位论文，2018.

[13] Li P，Jia N，Pei X，et al. Effects of Temperature on Bending Properties of Three-Dimensional and Five- Directional Braided Composite [J]. Molecules，2019，24（21）：1-17.

[14] 杨甜甜，张典堂，邱海鹏，等. SiCf/SiC 纺织复合材料细观结构及力学性能研究进展 [J]. 航空材料学报，2020，40（5）：1-12.

[15] 王兵. 基于 FFT 方法的编织复合材料异形结构损伤失效研究 [D]. 哈尔滨：哈尔滨工业大学博士学位论文，2020.

[16] 姜黎黎. 基于螺旋几何模型的三维编织复合材料热机械性能研究 [D]. 哈尔滨：哈尔滨理工大学博士学位论文，2013.

[17] 胡美琪. 三维编织复合材料梁多次横向冲击损伤分布的结构效应和温度效应 [D]. 上海：东华大学博士学位论文，2020.

[18] 刘胜凯. 三维编织复合材料高速冲击压缩响应的热氧老化效应和结构效应热力耦合分析 [D]. 上海：东华大学博士学位论文，2020.

[19] 史宝会. 三维编织复合材料大气环境热氧老化降解后冲击断裂行为 [D]. 上海：东华大学博士学位论文，2020.

[20] Gu Q，Quan Z，Yu J，et al. Structural modeling and mechanical characterizing of three-dimensional four-step braided composites：A review [J]. Composite

Structures，2018，207：119-128.

［21］ Jia Z，Li T，Chiang F P，et al. An experimental investigation of the temperature effect on the mechanics of carbon fiber reinforced polymer composites［J］. Composites Science & Technology，2018，154（18）：53-63.

［22］ 唐玉玲. 碳纤维复合材料连接结构的失效强度及主要影响因素分析［D］. 哈尔滨：哈尔滨工业大学博士学位论文，2015.

［23］ 万傲霜，王振名，李顶河. 基于三阶剪切计算连续性方法的编织复合材料三尺度分析模型［J］. 航空学报，2022，44（2）：1-21.

［24］ 孙琎. 三维面芯编织复合材料力学性能及渐进损伤研究［D］. 南京：南京航空航天大学博士学位论文，2016.

［25］ 梁军，方国东. 三维编织复合材料力学性能分析方法［M］. 哈尔滨：哈尔滨工业大学出版社，2014.

［26］ 崔灿. 三维五向编织复合材料冲击压缩特性及破坏机制研究［D］. 徐州：中国矿业大学博士学位论文，2020.

［27］ Lyu Z，Li Y，Wang Y，et al. Transverse impact responses and failure mechanism of 3D braided composites by mesostructure model［J］. Polymer Composites，2020，41（4）：1203-1214.

［28］ Chen Z M，Yue C M，Zhang Y，et al. Mechanical response and failure mechanism of three-dimensional braided composites under various strain-rate loadings by experimental and simulation research：a review［J］. Textile Research Journal，2022，92（2）：296-314.

［29］ Zhang W J，Yan S B，Yan Y，et al. A parameterized unit cell model for 3D braided composites considering transverse braiding angle variation［J］. Journal of Composite Materials，2022，56（3）：491-505.

［30］ 翟军军，王露晨，孔祥霞. 三维多向编织复合材料温度效应综述：热传导、热膨胀性质和力学响应［J］. 复合材料学报，2021，38（8）：2459-2478.

［31］ Li S. Boundary conditions for unit cells from periodic microstructures and their implications［J］. Composites Science and Technology，2008，68（9）：1962-1974.

［32］ Zhang C. Meso-scale progressive damage modeling and life prediction of 3D braided composites under fatigue tension loading［J］. Composite Structures，2018，201（1）：62-71.

［33］ 张超. 三维多向编织复合材料宏细观力学性能及高速冲击损伤研究［D］. 南京：南京航空航天大学博士学位论文，2013.

［34］ 谭焕成，覃文源，刘升旺. 三维编织复合材料细观几何建模及动态力学性能的研究进展［J］. 机械工程材料，2021，45（8）：1-7.

［35］ Ko F K. 3D Fabrics for Composites an Introduction to the Magnaweave Structure［C］. Proceedings of the ICCM-4 Japan Society Composites Material，Tokyo/Japan，1982.

［36］ Yang J M，Ma C L，Chou T W. Fiber inclination model of three-dimensional textile structural composites［J］. Journal of Composite Materials，1986，20（5）：472-484.

［37］ Ma C L，Yang J M，Chou T W. Elastic stiffness of three-dimensional braided textile structural composites［J］. ASTM special technical publications，1986：404-421.

［38］ Wang Y Q，Wang A. Microstructure/property relationships in 3D braided fiber composites［J］. Composites Science & Technology，1995，53（2）：213-222.

[39] Wu D L. Three-cell model and 5D braided structural composites [J]. Composites Science and Technology. 1996, 56: 225-233.

[40] Chen L, Tao X M, Choy C L. On the microstructure of three-dimensional braided preforms [J]. Composites Science and Technology, 1999, 59 (3): 391-404.

[41] 李典森, 陈利, 李嘉禄. 三维五向编织复合材料的细观结构分析 [J]. 天津工业大学学报, 2003, 22 (6): 1-5.

[42] 卢子兴, 杨振宇, 刘振国. 三维四向编织复合材料结构模型的几何特性 [J]. 北京航空航天大学学报, 2006, 32 (1): 1-5.

[43] 冯驰, 吴晓青. 参数化单胞计算三维编织预制件纤维体积含量 [J]. 纺织学报, 2007, 28 (6): 1-3.

[44] Xu K, Xu X W. Finite element analysis of mechanical properties of 3D five-directional braided composites [J]. Materials Science and Engineering A, 2008, 487: 499-509.

[45] Zhang C, Xu X W, Chen K. Application of three unit-cells models on mechanical analysis of 3D five-directional and full five-directional braided composites [J]. Applied Composite Materials. 2013, 20 (5): 803-825.

[46] 马明, 张晨辰, 张一帆. 三维四向编织复合材料结构的计算机仿真 [J]. 天津工业大学学报, 2019, 38 (6): 45-52.

[47] Fang G D, Chen C H, Yuan S G, et al. Micro-tomography based Geometry Modeling of Three-Dimensional Braided Composites [J]. Applied Composite Materials, 2017, 8 (15): 1-15.

[48] Huang W, Causse P, Brailovski V, et al. Reconstruction of mesostructural material twin models of engineering textiles based on Micro-CT Aided Geometric Modeling [J]. Composites Part A: Applied Science and Manufacturing, 2019, 124: 1-18.

[49] Shi B H, Zhang M, Liu S K, et al. Multi-scale ageing mechanisms of 3D four directional and five directional braided composites' impact fracture behaviors under thermo-oxidative environment [J]. International Journal of Mechanical Sciences, 2019, 155: 50-65.

[50] Wang W H, Wang H, Zhou J N, et al. Manufacture of braided-textile reinforced multi-walled tubular structures and axial compression behaviors [J]. Composites Communications, 2022, 32: 1-5.

[51] Ai J, Du X B, Li D S, et al. Parametric study on longitudinal and out-of-plane compressive properties, progressive damage and failure of 3D five-directional braided composites, Composites: Part A, 2022, 156: 1-16.

[52] 谷元慧, 刘晓东, 钱坤. 三维编织复合材料圆管力学性能研究进展 [J]. 化工新型材料, 2020, 48 (2): 458-462.

[53] Zhou H L, Li C, Han C C, et al. Effects of Microstructure on Quasi-Static Transverse Loading Behavior of 3D Circular Braided Composite Tubes [J]. Journal of Donghua University, 2021, 5: 392-397.

[54] Du G W, Popper P. Analysis of a Circular Braiding Process for Complex Shapes [J]. Journal of the Textile Institute, 1994, 85 (3): 316-337.

[55] 陈利, 李嘉禄, 李学明. 三维四步法圆型编织结构分析 [J]. 复合材料学报, 2003, 20 (2): 76-81.

[56] Sun X K. Micro-Geometry of 3-D Braided Tubular Preform [J]. Journal of Composite Materials, 2004, 38 (9): 791-798.

[57] 姜卫平，杨光．三维五向管状织物纱束轨迹及纤维体积分数的分析与研究 [J]．复合材料学报，2004，21（6）：119-125.

[58] Li Z M, Shen H S. Postbuckling analysis of 3D braided composite cylindrical shells under torsion in thermal environments [J]. Composite Structures, 2009, 87（3）：242-256.

[59] Ma W, Zhu J, Jiang Y. Studies of fiber volume fraction and geometry of variable cross-section tubular 3D five-direction braided fabric [J]. Journal of Composite Materials, 2012, 46（14）：1697-1704.

[60] Wu Z Y, Shi L, Cheng X Y, et al. Transverse impact behavior and residual axial compression characteristics of braided composite tubes: Experimental and numerical study [J]. International Journal of Impact Engineering, 2020, 142: 103578-103578.

[61] 章宇界，阎建华．基于 Matlab 的三维四步编织仿真 [J]．东华大学学报（自然科学版），2016，42（3）：7-16.

[62] Wang Y B, Liu Z G, Liu N, et al. A new geometric modelling approach for 3D braided tubular composites base on Free Form Deformation [J]. Composite Structures, 2016, 136: 75-85.

[63] Pan Z X, Wu X Y, Wu L W. Temperature rise caused by adiabatic shear failure in 3D braided composite tube subjected to axial impact compression: [J]. Journal of Composite Materials, 2019, 54（10）：1305-1326.

[64] Liu T, Wu X, Sun B, et al. Investigations of defect effect on dynamic compressive failure of 3D circular braided composite tubes with numerical simulation method [J]. Thin-Walled Structures, 2021, 160: 1-17.

[65] 张徐梁．三维五向碳纤/玻纤混杂编织复合材料圆管的制备及能量吸收性能 [D]．上海：东华大学博士学位论文，2021.

[66] 萧胜磊．复合材料用编织型预制体三维成型制造力学性能研究 [D]．大连：大连理工大学博士学位论文，2020.

[67] 张典堂．三维五向编织复合材料全场力学响应特性及细观损伤分析 [D]．天津：天津工业大学博士学位论文，2015.

[68] Hong Y, Yan Y, Tian Z Y, et al. Mechanical behavior analysis of 3D braided composite joint via experiment and multiscale finite element method [J]. Composite Structures, 2019, 208（15）：200-212.

[69] Zhou H L, Hu D M, Zhang W, et al. The transverse impact responses of 3-D braided composite I-beam [J]. Composites: Part A, 2017, 94: 158-169.

[70] 张威．三维编织复合材料 T 型梁高温场横向冲击热力耦合响应与损伤分析 [D]．上海：东华大学博士学位论文，2021.

[71] 董纪伟，郭晓龙，陈培见．编织结构对三维矩形编织复合材料力学性能的影响 [C]．2018 年全国固体力学学术会议，哈尔滨，2018.

[72] 高彦涛．三维编织工艺、结构和性能及编织结构复合材料整合设计 [D]．上海：东华大学博士学位论文，2013.

[73] 李典森，陈利，李嘉禄．三维五向编织复合材料的细观结构分析 [J]．天津工业大学学报，2003，22（6）：7-11.

[74] 刘振国，亚纪轩，林强．三维全五向编织复合材料细观结构实验分析 [J]．北京航空航天大学学报，2016，42（2）：211-216.

[75] He C W, Ge J R, Lian Y P. A concurrent three-scale scheme FE-SCA 2 for the nonlinear mechanical behavior of braided composites [J]. Computer Methods in Applied Mechanics and Engineering, 2022, 393: 1-19.

[76] Ge L, Li H M, Gao Y H, et al. Parametric analyses on multiscale elastic behavior of 3D braided composites with pore defects [J]. Composite Structures, 2022, 287: 1-12.

[77] Liu X D, Wang X X, Zhang D T, et al. Effect of voids on fatigue damage propagation in 3D5D braided composites revealed via automated algorithms using X-ray computed tomography [J]. International Journal of Fatigue, 2022, 158: 1-9.

[78] Han J B, Wang R Q, Hu D Y, et al. A novel integrated model for 3D braided composites considering stochastic characteristics [J]. Composite Structures, 2022, 286: 1-8.

[79] Tao Z, Fang D N, Li M, et al. Predicting the nonlinear response and failure of 3D braided composites [J]. Materials Letters, 2004, 58 (26): 3237-3241.

[80] Fang G D, Liang J, Lu Q, et al. Investigation on the compressive properties of the three dimensional four-directional braided composites [J]. Composite Structures, 2011, 93 (2): 392-405.

[81] Hu M Q, Zhang J J, Sun B Z, et al. Finite element modeling of multiple transverse impact damage behaviors of 3-D braided composite beams at microstructure level [J]. International Journal of Mechanical Sciences, 2018, 148: 730-744.

[82] Zhao Z, Liu L, Chen W, et al. Dynamic compressive behavior in different loading directions of 3D braided composites with different braiding angle [J]. Lat. Am. j. solids struct, 2018, 15 (9): 1-15.

[83] 张徐梁, 阳玉球, 阎建华. 碳纤维-玻璃纤维混杂增强环氧树脂三维编织复合材料薄壁圆管压溃吸能特性与损伤机制 [J]. 复合材料学报, 2021, 38 (9): 2814-2821.

[84] Ouyang Y W, Wang H L, Gu B H, et al. Experimental study on the bending fatigue behaviors of 3D five directional braided T-shaped composites [J]. Journal of the Textile Institute, 2018, 109 (5): 603-613.

[85] Ouyang Y W, Sun B Z, Gu B H. Finite element analyses on bending fatigue of 3-D five-directional braided composite T-beam with mixed unit-cell model [J]. Journal of Composite Materials, 2018, 52 (9): 1139-1154.

[86] Wang Y Q, Wang A. Spatial distribution of yarns and mechanical properties in 3D braided tubular composites [J]. Applied Composite Materials, 1997, 4 (2): 121-132.

[87] Zhang C, Xu X W. Finite element analysis of 3D braided composites based on three unit-cell models [J]. Composite Structures. 2013, 98: 130-142.

[88] Guo Q W, Zhang G L, Li J L. Process parameters design of a three-dimensional and five-directional braided composite joint based on finite element analysis [J]. Materials & Design, 2013, 46 (4): 291-300.

[89] Zhao Z Q, Liu P, Chen C C, et al. Modeling the transverse tensile and compressive failure behavior of triaxially braided composites [J]. Composites Science and Technology, 2019, 172: 96-107.

[90] Zhou H L, Li C, Zhang L Q, et al. Micro-XCT analysis of damage mechanisms in 3D circular braided composite tubes under transverse impact [J]. Composites Science and Technology, 2018, 155 (8): 91-99.

[91] Huang W, Causse P, Brailovski V, et al. Reconstruction of mesostructural material twin models of engineering textiles based on Micro-CT Aided Geometric

Modeling [J]. Composites Part A: Applied ence and Manufacturing, 2019, 124: 1-20.

[92] Zhou H L, Zhang W, Liu T, et al. Finite element analyses on transverse impact behaviors of 3-D circular braided composite tubes with different braiding angles [J]. Composites Part A Applied Science & Manufacturing, 2015, 79: 52-62.

[93] Shi B H, Liu S K, Siddique A, et al. Impact fracture behaviors of three-dimensional braided composite U-notch beam subjected to three-point bending [J]. International Journal of Damage Mechanics, 2018, 28 (1): 1-23.

[94] Liu S, Zhang J, Shi B, et al. Damage and failure mechanism of 3D carbon fiber/epoxy braided composites after thermo-oxidative ageing under transverse impact compression [J]. Composites Part B Engineering, 2018, 161: 21-39.

[95] Jia Z, Li T, Chiang F P, et al. An experimental investigation of the temperature effect on the mechanics of carbon fiber reinforced polymer composites [J]. Composites Science & Technology, 2018, 154 (18): 53-63.

[96] 刘军, 刘奎, 宁博, 等. 三维编织复合材料 T 型梁的低温场弯曲性能 [J]. 纺织学报, 2019, 40 (12): 57-63.

[97] 胡美琪, 孙宝忠, 顾伯洪. 三维编织复合材料多次应力波冲击损伤特征 [J]. 航空制造技术, 2021, 1-11.

[98] Yau S S, Chou T W, Ko F K. Flexural and axial compressive failures of 3D braided composite I-beams [J]. Composites, 1986, 17 (3): 227-232.

[99] 董纪伟, 郭晓龙, 陈培见. 编织结构对三维矩形编织复合材料力学性能的影响 [C]. 2018 年全国固体力学学术会议, 哈尔滨, 2018.

[100] 沈怀荣. 三维编织圆管力学性能及火箭级间段模拟结构承载能力研究 [J]. 国防科技大学学报, 1999, 21 (1): 8-12.

[101] 李典森, 卢子兴, 陈利. 三维五向圆型编织复合材料细观分析及弹性性能预测 [J]. 航空学报, 2007, 28 (1): 123-130.

[102] 陈光伟, 陈利, 李嘉禄. 三维多向编织复合材料 T 型梁抗弯应力分析 [J]. 纺织学报, 2009, 30 (8): 54-59.

[103] Zhao G Q. Periodic Motion and Bifurcation Analysis of Two-stage Gear Transmission System, Journal of Lanzhou Jiaotong University, 2019, 38 (2): 33-40.

[104] 刘延伟, 赵克刚. 接合间隙对齿轮系统非线性特性的影响分析 [J]. 振动与冲击, 2016, 35 (14): 215-221.

[105] 王树国, 张艳波, 刘文亮, 等. 多间隙二级齿轮非线性振动分岔特性研究 [J]. 应用数学和力学, 2016, 37 (2): 173-183.

[106] 万熠, 夏岩, 梁西昌. 多间隙齿轮副系统非线性动力学特性分析 [J]. 南京航空航天大学学报, 2017, 49 (6): 766-772.

[107] Wang X, Xu Y X, Wu B L, et al. Coupled nonlinear characteristic of a two-stage gear system with chipping fault [J]. Journal of Vibration and Shock, 2016, 35 (13): 119-126.

[108] 杨富春, 周晓军, 胡宏伟. 两级齿轮减速器非线性振动特性研究 [J]. 浙江大学学报, 2009, 43 (7): 1243-1248.

[109] 王胜男, 周建星, 阿达依·谢尔亚孜旦. 两级齿轮减速器级间耦合振动噪声特性分析 [J]. 新疆大学学报 (自然科学版), 2020, 37 (4): 551-562.

[110] 莫文超. 船用汽轮机-行星齿轮减速器轴系力学特性研究 [D]. 哈尔滨: 哈尔滨工业大学博士学位论文, 2020.

[111] 王南山, 张学良, 兰国生. 临界接触参数连续的粗糙表面法向接触刚度

弹塑性分形模型 [J]. 振动与冲击，2014，33（9）：72-77.

[112] 尤晋闽，陈天宁. 基于分形接触理论的结合面法向接触参数预估 [J]. 上海交通大学学报，2011，45（9）：1275-1280.

[113] 兰国生，孙万，谭文兵，等. 基于圆锥微凸体的结合面法向刚度分形模型研究 [J]. 振动与冲击，2021，40（15）：207-214.

[114] 陈建江，原园，成雨，等. 尺度相关的分形结合面法向接触刚度模型 [J]. 机械工程学报，2018，54（21）：127-138.

[115] 王润琼，朱立达，朱春霞. 基于域扩展因子和微凸体相互作用的结合面接触刚度模型研究 [J]. 机械工程学报，2018，54（19）：88-96.

[116] 孙见君，张凌峰，於秋萍，等. 基于粗糙表面分形表征新方法的结合面法向接触刚度模型 [J]. 振动与冲击，2019，38（7）：212-219.

[117] 陈虹旭，董冠华，殷勤，等. 基于分形理论的结合面法向接触刚度模型 [J]. 振动与冲击，2019，38（8）：218-225.

[118] 王颜辉，张学良，温淑花，等. 机械结合面法向接触刚度分形理论模型 [J]. 机械强度，2020，42（3）：648-653.

[119] Catera P G，Mundo D，Treviso A，et al. On the design and simulation of hybrid metal-composite gears [J]. Applied Composite Materials，2019，26（3）：817-833.

[120] Waller M D，McIntyre S M，Koudela K L. Composite Materials for Hybrid Aerospace Gears [J]. Journal of the American Helicopter Society，2020，65（4）：1-11.

[121] Kini S，Fuentes Aznar A，Ghoneim H. Composite Fabric Blankets for Plastic Gears[C]//ASME International Mechanical Engineering Congress and Exposition. American Society of Mechanical Engineers，Pittsburgh：ASME，2018：1-6.

[122] LaBerge K E，Berkebile S P，Handschuh R F，et al. Hybrid gear performance under loss-of-lubrication conditions [C]. American Helicopter Society Annual Forum，2017.

[123] Shadi S，Antonio P，Domenico M. A Study on the Dynamic Behaviour of Lightweight Gears [J]. Shock and Vibration，2017，207：1-12.

[124] Mijiyawa F，Koffi D，Kokta B V，et al. Formulation and tensile characterization of wood-plastic composites：Polypropylene reinforced by birch and aspen fibers for gear applications [J]. Journal of Thermoplastic Composite Materials，2015，28（12）：1675-1692.

[125] Mohsenzadeh R，Shelesh-Nezhad K，Chakherlou T N. Experimental and finite element analysis on the performance of polyacetal/carbon black nanocomposite gears [J]. Tribology International，2021，160：107055.

[126] Tavčar J，Grkman G，Duhovnik J. Accelerated lifetime testing of reinforced polymer gears [J]. Journal of Advanced Mechanical Design，Systems，and Manufacturing，2018，12（1）：1-13.

[127] Roberts G D，Sinnamon R R，Stringer B，et al. Hybrid Gear Preliminary Results-Application of Composites to Dynamic Mechanical Components [C]// American Helicopter Society. 68th Annual Forum and Technology Display，Fort Worth：NASA，2012：1-10.

[128] 刘峰峰，王旭鹏，刘舒伟，等. 复合材料齿轮的接触和弯曲应力分析 [J]. 机械科学与技术，2022，45（9）：1-8.

[129] Catera P G，Gagliardi F，Mundo D，et al. Multi-scale modeling of triaxial braided composites for FE-based modal analysis of hybrid metal-composite gears

[J]. Composite Structures, 2017, 182: 116-123.

[130] Catera P G, Mundo D, Treviso A, et al. On the design and simulation of hybrid metal-composite gears [J]. Applied Composite Materials, 2019, 26 (3): 817-833.

[131] Waller M D, McIntyre S M, Koudela K L. Composite materials for hybrid aerospace gears [J]. Journal of the American Helicopter Society, 2020, 65 (4): 1-11.

第**2**章

三维编织碳纤维复合材料基本理论

2.1　三维编织技术

三维编织工艺自 20 世纪 60 年代发展起来先后经历了四步编织、二步编织和实体编织技术，适合编织一些几何形状复杂的构件，但其编织的预制件尺寸受制于编织设备尺寸。目前，一般的编织机仅能编织 100mm 截面以下的预制件，对于大型零件则需要大尺寸且昂贵的编织设备，但是随着编织设备的发展，其在未来的大型构件应用中仍具有较大的应用潜力。

最早的三维编织工艺（全向织法）之一是由通用电气公司 Stover 等人发明，后被 Florentine 等人进一步发展并注册为名为马格纳制造法的专利。四步法矩形编织工艺是织造三维编织复合材料预制件最常用的编织方式，携纱器运动四步为一个编织周期，若每步中所有的行或列运动了相同的距离，该编织方式可称为 1×1 编织方式。另外根据编织需求的不同，还存在 1×2、1×3、1×5 等编织方式，取决于行与列移动位置的相对关系以及编织机底座结构。图 2-1 所示为四步法 1×1 编织方式的编织过程。第一步为相邻行携纱器交错移动一步，第二步为相邻列携纱器交错移动一步，第三步与第一步移动方向相反，第四步与第二步移动方向相反。一个编织周期完成后，对编织纱线进行打紧工序，打紧后一个编织周期内的织物高度即为一个花节高度。重复这个过程，即可得到所需的织物高度。四步法编织工艺经过不断完善，还发展出圆形及异形编织方式，它们与矩形编织的区别为编织截面形状的不同。其中矩形编织适合于编织矩形、板状等形状的增强体，圆形编织适用于编织管材、圆形材料的增强体，异形编织适合编织特殊形状的增强体。

二步法编织方式最早由杜邦公司的 P. Popper 和 R. F. Mconnel 于 1978 年所发明，特点为预成型体形状取决于轴向纱携纱器的排列位置，其包括编织纱和轴

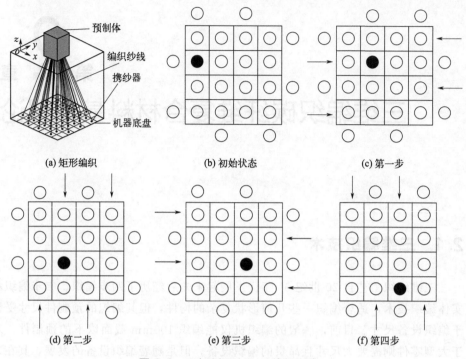

(a) 矩形编织   (b) 初始状态   (c) 第一步

(d) 第二步   (e) 第三步   (f) 第四步

图 2-1　四步法矩形 1×1 编织方式

向纱,轴向纱在编织时不动,编织纱携纱器在轴向纱的周向上进行运动,每运动两步为一个编织周期。二步法编织相较四步法编织形式移动部件更少,运动更简单,易实现自动化,能够编织出多种形状的预成型体,且由于加入了大量轴向纱使其形成的预成型体轴向强度更高,适合于编织强度要求很高的杆、梁等部件。图 2-2 为二步法编织方式过程。

实体编织方式由 Tsuzuki 等提出并且设计了实体编织件,将四个携纱器置入

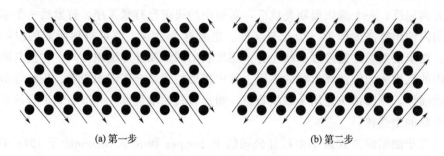

(a) 第一步   (b) 第二步

图 2-2　二步法编织过程

一个星形转子，星形转子按矩形阵列方式排布在矩形平面，从而生成三维实体预制体。

2.2 碳纤维复合材料

纤维增强复合材料根据纤维结构可以将其分为 1D、2D、3D，而 2D 又可以分为机织、针织和编织三种类型，其中机织可以分为双轴和三轴两种形式，针织分为经向和纬向，编织分为双轴和三轴；而 3D 又可以分为机织、针织、编织、无纺和缝合等，其中机织可以分为角连锁和中空结构，编织分为实体、二步法、四步法和多步法等。

编织作为一种基本纺织工艺，它是将两条或多条纱线在横向、纵向或者斜向相互交织形成一个整体结构的预制体，编织工艺与针织和机织相比速度较慢，但是却有更好的织物强度和整体性，而且在一些织物结构复杂的预制件上编织的效果也更好，但是编织相比于机织和针织受到纱线尺寸和设备的约束更大。

纤维增强复合材料根据纤维种类的不同可分为玻璃纤维、碳纤维、芳纶纤维和硼纤维增强复合材料等。本书主要介绍碳纤维增强复合材料。碳纤维是由有机纤维经碳化及石墨化处理而得到的微晶石墨材料，具有优异的力学性能，其具有高比模量、高比强度、耐疲劳性好、耐腐蚀性好、无蠕变等性能优势，但其耐冲击性较差，容易损伤，在与金属复合时易发生金属碳化、渗碳及电化学腐蚀现象，在使用前必须进行表面处理。

碳纤维按照原丝不同主要分为 PAN 基碳纤维、黏胶基碳纤维和沥青基碳纤维；按照状态分为长丝、短纤维和短切纤维；按照碳纤维规格不同主要分为 1K、3K、6K、12K、24K、50K 及以上大丝束碳纤维；按照织造方式的不同可以分为针织碳纤维布、机织碳纤维布、编织碳纤维布、碳纤维预浸布和碳纤维无纺布等。

2.3 碳纤维复合材料力学性能分析方法

2.3.1 碳纤维复合材料纤维束力学性能分析方法

编织复合材料纤维束的力学性能是材料整体力学性能的基础，国内外许多学者对纤维束的力学性能进行了研究，试验的方法虽然可以得到纤维束的力学性能，但在实际情况下，试验不仅费时费力，存在一定偶然与不确定性，而且当需要大量数据时更加需要消耗大量材料，大大增加了成本，而有限元分析完美地解决了这些问题，故而被大量研究使用。对纤维束的力学性能，学者们总结出了许多行之有效的方法，其中包括等应变法、Mori-Tanaka 等应力法、Hashin-Rosen 同心圆柱模型、桥联模型和 Halplin-Tsai 半经验法等。这些方法各有优劣，对预测材料准确的力学性能均可以借鉴与研究。

(1) Mori-Tanaka 法

Mori-Tanaka 法是一种将材料内部的应力进行平均的方法，它在 1973 年首先被 Mori 与 Tanaka 提出。该方法的基本理论如下：

设材料在其边界上受到一个均匀应力的作用，应力大小设为 σ_1，则材料本构关系方程式为：

$$\sigma_1 = E_1 \varepsilon_1 \tag{2-1}$$

其中，E_1 为基体材料的弹性常数。而材料由于由纤维和基体两部分组成，其有夹杂相的存在，使得实际的应变不等于 ε_1，由不同纤维间的相互作用产生的扰动应变设为 ε_s，从而得到复合材料基体的实际的平均应变为：

$$\sigma_1 = \sigma + \sigma_s = E_1(\varepsilon_1 + \varepsilon_s) \tag{2-2}$$

在外力作用下复合材料纤维的平均应力与平均应变和基体内的差异为 σ'、ε'。则由 Eshelby 等效夹杂原理可得：

$$\sigma_2 = E_2(\varepsilon_1 + \varepsilon_s + \varepsilon') = E_1(\varepsilon_1 + \varepsilon_s + \varepsilon' - \varepsilon^*) \tag{2-3}$$

其中，E_2 为纤维的弹性模量；ε^* 为纤维的等效本征应变。

由式（2-3）可得：

$$\varepsilon' = S\varepsilon^* \tag{2-4}$$

其中，S 为 4 阶 Eshelby 张量。

由以上几式可以得到：

$$\sigma' = E_1(\varepsilon' - \varepsilon^*) = E_1(S - I)\varepsilon^* \tag{2-5}$$

其中，I 为四阶单位张量。

则复合材料的平均应力为：

$$\sigma = (1 - V_f)\sigma_1 + V_f\sigma_2 \tag{2-6}$$

其中，V_f 为纤维体积分数。

由上述几式可得：

$$\sigma_s = -V_f\sigma' \tag{2-7}$$

$$\varepsilon_s = -V_f(\varepsilon' - \varepsilon^*) = -V_f(S - I)\varepsilon^* \tag{2-8}$$

即：

$$\varepsilon^* = K\varepsilon_1 \tag{2-9}$$

式中，$K = (E_1 + (E_2 - E_1)(V_f I + (1 - V_f)S))(E_1 - E_2)$。

同时，可以得到复合材料的平均应变为：

$$\varepsilon = (1-V_f)\varepsilon_1 + V_f\varepsilon_2 = \varepsilon_1 + V_f\varepsilon^* = (I+V_fK)E_1^{-1} \tag{2-10}$$

即可得到材料的等效弹性模量为：

$$E = E_1(I+V_fK)^{-1} \tag{2-11}$$

（2）桥联矩阵法

桥联矩阵法是求解纤维束力学性能的另一种方法，其主要思路是建立各组分材料的局部矩阵，通过组分材料和整体材料的坐标转换得到整体坐标系下各部分材料的桥联矩阵，然后通过纤维和基体所占比例来预测宏观纤维束的弹性性能。一般情况下将纱线视为由纤维束和树脂基体两部分组成。纤维与树脂间有黏结作用，纤维束之间不存在界面摩擦现象。纤维束为横观各向同性，基体为各向同性。在实际分析时，将纤维束看作是一种均匀介质，而树脂基体看成是具有一定弹性常数的弹性体。纤维束的柔度矩阵可表示为：

$$[S_f] = \begin{bmatrix} S_{f11} & S_{f12} & S_{f12} & 0 & 0 & 0 \\ S_{f12} & S_{f22} & S_{f23} & 0 & 0 & 0 \\ S_{f12} & S_{f23} & S_{f22} & 0 & 0 & 0 \\ 0 & 0 & 0 & S_{f44} & 0 & 0 \\ 0 & 0 & 0 & 0 & S_{f66} & 0 \\ 0 & 0 & 0 & 0 & 0 & S_{f66} \end{bmatrix} \tag{2-12}$$

其刚度矩阵为：

$$[C_f] = [S_f]^{-1} \tag{2-13}$$

其中，$S_{f11} = \dfrac{1}{E_{f11}}$，$S_{f12} = -\dfrac{v_{f12}}{E_{f11}}$，$S_{f22} = \dfrac{1}{E_{f22}}$，$S_{f23} = -\dfrac{v_{f23}}{E_{f22}}$，$S_{f44} = \dfrac{1}{G_{f23}}$，$S_{f66} = \dfrac{1}{G_{f12}}$。$[S_f]$ 为纤维柔度矩阵，$[C_f]$ 为纤维刚度矩阵，E_{f11} 和 E_{f22} 分别为纤维轴向和横向的弹性模量，v_{f12} 和 v_{f23} 分别为纤维横向和轴向泊松比，G_{f12} 和 G_{f23} 为纤维的横向和轴向的剪切模量。

树脂基体的刚度和柔度矩阵为：

$$[S_m] = \begin{bmatrix} S_{m11} & S_{m12} & S_{m12} & 0 & 0 & 0 \\ S_{m12} & S_{m11} & S_{m12} & 0 & 0 & 0 \\ S_{m12} & S_{m12} & S_{m11} & 0 & 0 & 0 \\ 0 & 0 & 0 & S_{m44} & 0 & 0 \\ 0 & 0 & 0 & 0 & S_{m44} & 0 \\ 0 & 0 & 0 & 0 & 0 & S_{m44} \end{bmatrix} \tag{2-14}$$

$$[C_m] = [S_m]^{-1} \tag{2-15}$$

其中，$S_{m11} = \dfrac{1}{E_m}$，$S_{m12} = -\dfrac{v_m}{E_m}$，$S_{m44} = \dfrac{1}{G_m}$。$[S_m]$、$[C_m]$ 分别为基体柔度和刚度矩阵；E_m、G_m、v_m 分别为基体弹性模量、剪切模量和泊松比。

纤维束的柔度矩阵为：

$$[S] = (V_f[S_f] + V_m[S_m][A])(V_f[I] + V_m[A])^{-1} \tag{2-16}$$

其中，$[I]$ 为单位矩阵，$[A]$ 为桥联矩阵，V_f 为纤维体积占比，$V_m = 1 - V_f$。

桥联矩阵为：

$$[A] = \begin{bmatrix} a_{11} & a_{12} & a_{13} & 0 & 0 & 0 \\ 0 & a_{22} & 0 & 0 & 0 & 0 \\ 0 & 0 & a_{33} & 0 & 0 & 0 \\ 0 & 0 & 0 & a_{44} & 0 & 0 \\ 0 & 0 & 0 & 0 & a_{55} & 0 \\ 0 & 0 & 0 & 0 & 0 & a_{66} \end{bmatrix} \tag{2-17}$$

式中，$a_{11} = \dfrac{E_m}{E_{f11}}$，$a_{12} = a_{13} = \dfrac{(S_{f12} - S_{m12})(a_{11} - a_{22})}{S_{f11} - S_{m11}}$，$a_{22} = a_{33} = a_{44} = \dfrac{1}{2}\left(1 + \dfrac{E_m}{E_{f22}}\right)$，$a_{55} = a_{66} = \dfrac{1}{2}\left(1 + \dfrac{G_m}{G_{f12}}\right)$。

由上述计算即可得到材料弹性常数。

(3) 经验公式

在工程实际中，简单准确的方法更容易被接受与使用，故而衍生出了许多种简单快速的求解方法。

采用混合法可求得材料的纵向弹性性能和泊松比：

$$E_{11} = V_f E_{f11} + (1 - V_f) E_m \tag{2-18}$$

$$v_{12} = V_f v_{f12} + (1 - V_f) v_m \tag{2-19}$$

该公式虽然简单但预测精度不高，与实验值相差较大。

Chamis 提出的一个预测复合材料的经验公式——Chamis 力学公式，得到许多学者的采用，本书对于纤维束的力学性能的预测即采用 Chamis 力学公式求得，该公式详见第 4 章。

Halpin 和 Tsai 提出了一个半经验公式：

$$\frac{M}{M_m} = \frac{1 + \eta \xi V_f}{1 - \eta V_f} \qquad (2\text{-}20)$$

其中：

$$\eta = \frac{\dfrac{M_f}{M_m} - 1}{\dfrac{M_f}{M_m} + \xi} \qquad (2\text{-}21)$$

式中，M 为材料的工程常数，如 E_{11}、v_{12}、G_{12} 等；M_f 为纤维的工程常数，如 M_{f11}、G_{f12}、v_{f12}；M_m 为基体的工程常数，如 E_m、G_m、v_m；ξ 为衡量纤维增强作用的参数，变化范围为 $0 \sim \infty$。

当 $\xi = 0$ 时，可得：

$$\frac{1}{M} = \frac{V_f}{M_f} + \frac{1 - V_f}{M_m} \qquad (2\text{-}22)$$

当 $\xi = \infty$ 时，可得：

$$M = M_f V_f + (1 - V_f) M_m \qquad (2\text{-}23)$$

2.3.2　碳纤维复合材料力学性能分析方法

复合材料的弹性性能是研究其他力学性能的基础。而三维编织复合材料由于其复杂的内部空间结构和力学响应使得对其力学性能的研究更加困难，国内外的很多学者针对其力学性能展开了大量的研究。现如今对于复合材料力学性能预测的方法很多，大部分的预测方法是通过纤维和基体的力学性能来推测材料的整体力学性能。下面介绍了一些常见的材料力学性能分析方法。图 2-3 中展示一些方法的预测的精度和效率的关系。

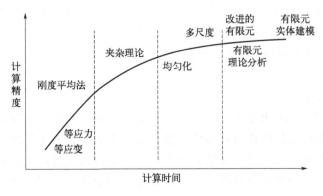

图 2-3　计算时间与计算精度

(1) 刚度平均法

刚度平均法通常指通过等应变和等应力假设，对复合材料的刚度进行平均的计算方法；刚度平均法需要对材料划分区域与尺度，在各个区域与尺度上分别进行刚度平均，对于一个单胞模型通过三步实现刚度平均，首先对单胞的纤维进行刚度平均，然后对纤维束进行刚度平均，纤维束为横观各向同性，轴向采用等应变假设，横向采用等应力假设；最后再对整体单胞模型进行刚度平均化。

首先对材料的纤维束和基体进行刚度平均，分别分为三个等应力和三个等应变：

$$\{\sigma\}_k = \{\{\sigma_n\}, \{\sigma_s\}\}^{\mathrm{T}}, \{\varepsilon\}_k = \{\{\varepsilon_n\}, \{\varepsilon_s\}\}^{\mathrm{T}} \tag{2-24}$$

其中，n、s 分别代表等应力和等应变；k 代表材料的成分（纤维或者基体）。

得到组分材料的刚度矩阵为：

$$[C]_k = \begin{bmatrix} [C_{nn}]_k & [C_{ns}]_k \\ [C_{sn}]_k & [C_{ss}]_k \end{bmatrix} \tag{2-25}$$

其中，$[C_{ns}]_k = [C_{sn}]_k$。

由上式可得组分材料的本构方程为：

$$\{\sigma_n\}_k = [C_{nn}]_k \{\varepsilon_n\}_k + [C_{ns}]_k \{\varepsilon_s\}_k \tag{2-26}$$

$$\{\sigma_s\}_k = [C_{sn}]_k \{\varepsilon_n\}_k + [C_{ss}]_k \{\varepsilon_s\}_k \tag{2-27}$$

对材料进行刚度平均可得其整体下的应力和应变为：

$$\{\sigma_s'\} = \{\sigma_s\}_k \tag{2-28}$$

$$\{\sigma_n'\} = \{\sigma_n\}_k \tag{2-29}$$

$$\{\varepsilon_s'\} = \sum f_k \{\varepsilon_s\}_k \tag{2-30}$$

$$\{\varepsilon_n'\} = \sum f_k \{\varepsilon_n\}_k \tag{2-31}$$

其中，$\{\sigma_s'\}$、$\{\sigma_n'\}$ 分别表示整体应力的等应力部分和整体应变的等应变部分；$\{\varepsilon_s'\}$、$\{\varepsilon_n'\}$ 表示非等应力和非等应变部分；f_k 表示组分材料的体积分数。利用上式计算可得整体的刚度矩阵。

(2) 均匀化方法

Babuska 等在 20 世纪 70 年代首先在数学上提出了均匀化理论。均匀化方法是将周期性结构的特性通过等效性能的方式来表示，对于三维编织复合材料来说，学者们通常基于宏观和细观两方面对其进行双尺度的渐进分析方法，通过分析其中的一个细观单胞的组成，从而得到整体材料的力学性能，如图 2-4 所示。

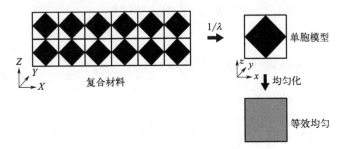

图 2-4   复合材料周期性结构

建立宏观坐标系（整体）X 和微观坐标系（局部）x，定义一个参数 λ（$0 < \lambda \ll 1$），λ 为宏观坐标系和微观坐标系下长度比值：

$$x + ny = X/\lambda \, (y \text{ 为细观单胞的周期}, n = 0,1,2,\cdots) \tag{2-32}$$

函数 $\phi^\lambda(X)$ 表示材料内部的温度、位移或应力等，其受宏观变量 X 和微观变量 x 共同影响，函数为周期性函数，即：

$$\phi^\lambda(X) = \phi(X, x) = \phi(X, x + Y) \tag{2-33}$$

函数 $\phi^\lambda(X)$ 对 X 求导可得：

$$\frac{\partial \phi^\lambda(X)}{\partial X_i} = \frac{\partial \phi(X, x)}{\partial X_i} + \frac{1}{\lambda} \frac{\partial \phi(X, x)}{\partial x_i} \tag{2-34}$$

位移场可按小参数 λ 渐近展开为：

$$\begin{aligned}
\mu_i &= \mu_i^\lambda(X) = \mu_i(X, x) \\
&= \mu_i^0(X, x) + \lambda \mu_i^1(X, x) + \lambda^2 \mu_i^2(X, x) + \cdots
\end{aligned} \tag{2-35}$$

根据求导法则，上述位移的应变为：

$$\begin{aligned}
\varepsilon_{ij} = {} & \frac{1}{2}\left(\frac{\partial \mu_i^\lambda}{\partial X_j^\lambda} + \frac{\partial \mu_j^\lambda}{\partial X_i^\lambda}\right) = \frac{1}{2\lambda}\left(\frac{\partial \mu_i^{(0)}}{\partial x_j} + \frac{\partial \mu_j^{(0)}}{\partial x_i}\right) + \\
& \frac{1}{2}\left(\frac{\partial \mu_i^{(0)}}{\partial X_j} + \frac{\partial \mu_j^{(0)}}{\partial X_i}\right) + \frac{1}{2}\left(\frac{\partial \mu_i^{(1)}}{\partial x_j} + \frac{\partial \mu_j^{(1)}}{\partial x_i}\right) + \\
& \frac{1}{2}\lambda\left(\frac{\partial \mu_i^{(1)}}{\partial X_j} + \frac{\partial \mu_j^{(1)}}{\partial X_i}\right) + \frac{1}{2}\lambda\left(\frac{\partial \mu_i^{(2)}}{\partial x_j} + \frac{\partial \mu_j^{(2)}}{\partial x_i}\right)
\end{aligned} \tag{2-36}$$

应力 σ_{ij} 为：

$$\begin{aligned}
\sigma_{ij}^\lambda &= C_{ijkl} \varepsilon_{ij}^\lambda \\
&= \frac{1}{\lambda} C_{ijkl} \varepsilon_{ij}^{(-1)}(X, x) + C_{ijkl} \varepsilon_{ij}^{(0)}(X, x) + \lambda C_{ijkl} \varepsilon_{ij}^{(1)}(X, x) + \cdots \\
&= \frac{1}{\lambda} \sigma_{ij}^{(-1)}(X, x) + \sigma_{ij}^{(0)}(X, x) + \lambda \sigma_{ij}^{(1)}(X, x) + \cdots
\end{aligned} \tag{2-37}$$

其中：

$$\sigma_{ij}^{(n)}(X,x)=C_{ijkl}^{\lambda}\varepsilon_{ij}^{(n)}(X,x) \tag{2-38}$$

则可得：

$$\sigma_{ij}^{(-1)}(X,x)=C_{ijkl}\varepsilon_{ij}^{(-1)}(X,x)=\frac{1}{2}C_{ijkl}\varepsilon_{ij}\left(\frac{\partial\mu_k^{(0)}}{\partial x_l}+\frac{\partial\mu_l^{(0)}}{\partial x_k}\right) \tag{2-39}$$

$$\begin{aligned}\sigma_{ij}^{(0)}(X,x)&=C_{ijkl}\varepsilon_{ij}^{(0)}(X,x)\\&=\frac{1}{2}C_{ijkl}\varepsilon_{ij}\left(\frac{\partial\mu_k^{(0)}}{\partial X_l}+\frac{\partial\mu_l^{(0)}}{\partial X_k}\right)+\frac{1}{2}C_{ijkl}\varepsilon_{ij}\left(\frac{\partial\mu_k^{(1)}}{\partial x_l}+\frac{\partial\mu_l^{(1)}}{\partial x_k}\right)\end{aligned} \tag{2-40}$$

$$\begin{aligned}\sigma_{ij}^{(1)}(X,x)&=C_{ijkl}\varepsilon_{ij}^{(0)}(X,x)\\&=\frac{1}{2}C_{ijkl}\varepsilon_{ij}\left(\frac{\partial\mu_k^{(1)}}{\partial X_l}+\frac{\partial\mu_l^{(1)}}{\partial X_k}\right)+\frac{1}{2}C_{ijkl}\varepsilon_{ij}\left(\frac{\partial\mu_k^{(2)}}{\partial x_l}+\frac{\partial\mu_l^{(2)}}{\partial x_k}\right)\end{aligned} \tag{2-41}$$

一般线弹性问题的基本方程为：

$$\sigma_{ij,j}+f_i=0 \tag{2-42}$$

$$\sigma_{ij}\cdot n=T_i \tag{2-43}$$

$$u_i=\overline{u_l} \tag{2-44}$$

$$\sigma_{ij}=C_{ijkl}\varepsilon_{kl} \tag{2-45}$$

$$\varepsilon_{ij}=\frac{u_{i,j}+u_{j,i}}{2} \tag{2-46}$$

其中，上式分别为平衡方程、边界力方程、边界位移方程、应力应变方程和几何关系方程。由上述公式可以得出：

$$\lambda^{-2}\frac{\partial\sigma_{ij}^{(-1)}}{\partial x_j}+\lambda^{-1}\left(\frac{\partial\sigma_{ij}^{(-1)}}{\partial X_j}+\frac{\partial\sigma_{ij}^{(0)}}{\partial x_j}\right)+\lambda^0\left(\frac{\partial\sigma_{ij}^{(-1)}}{\partial X_j}+\frac{\partial\sigma_{ij}^{(0)}}{\partial x_j}+f_i\right)+$$

$$\lambda^1\left(\frac{\partial\sigma_{ij}^{(-1)}}{\partial X_j}+\frac{\partial\sigma_{ij}^{(0)}}{\partial x_j}\right)+\cdots=0 \tag{2-47}$$

当 λ 趋近于 0 时，上式成立，即小参数 λ 的各阶幂次系数均为 0，即：

$$\frac{\partial}{\partial x_j}\left(C_{ijkl}\frac{\partial u_k^{(0)}}{\partial x_l}\right)=0 \tag{2-48}$$

$$\frac{\partial}{\partial X_j}\left(C_{ijkl}\frac{\partial u_k^{(0)}}{\partial x_l}\right)+\frac{\partial}{\partial x_j}C_{ijkl}\left(\frac{\partial u_k^{(0)}}{\partial X_l}+\frac{\partial u_k^{(1)}}{\partial x_l}\right)=0 \tag{2-49}$$

$$\frac{\partial}{\partial X_j}C_{ijkl}\left(\frac{\partial u_k^{(0)}}{\partial X_l}+\frac{\partial u_k^{(1)}}{\partial x_l}\right)+\frac{\partial}{\partial x_j}C_{ijkl}\left(\frac{\partial u_k^{(1)}}{\partial X_l}+\frac{\partial u_k^{(2)}}{\partial x_l}\right)+f_i=0 \tag{2-50}$$

$$\frac{\partial}{\partial X_j}C_{ijkl}\left(\frac{\partial u_k^{(1)}}{\partial X_l}+\frac{\partial u_k^{(2)}}{\partial x_l}\right)+\frac{\partial}{\partial x_j}C_{ijkl}\left(\frac{\partial u_k^{(2)}}{\partial X_l}+\frac{\partial u_k^{(3)}}{\partial x_l}\right)=0 \tag{2-51}$$

对各项分别求解即可得到材料力学性能。

(3) 有限元方法

有限元方法通过计算材料单胞的力学性能得到宏观材料的力学性能。通过提取复合材料的周期性单胞，对单胞添加相应组分材料的力学性能，然后施加对应的边界条件，最后利用有限元分析软件得到材料的力学性能。代表性体积单胞通常是能够在周期性结构材料中代表其整体的结构特征，虽然实际的工程领域中复合材料不具有严格意义上的周期性，但是因其在实际计算中能大大减少计算量，故而受到学者的青睐。而有限元分析的关键在于如何施加周期性边界条件。

对此，Xia 等最早提出了周期性边界条件的理论，该理论能够精确地得到材料的力学性能。Suquet 等则给出了材料的周期性位移表达式：

$$u_i = \overline{\varepsilon_{ik}} x_k + u_i^* \tag{2-52}$$

式中，$\overline{\varepsilon_{ik}}$ 为单胞平均应变；x_k 为单胞内一点坐标；u_i^* 为位移修正量。

u_i^* 一般为未知量，受到施加的全局载荷的影响。对于建立的单胞模型来说，沿 X、Y、Z 方向上具有平行的边界面，对于任意一对边界面来说，周期性位移表达式为：

$$u_i^{j+} = \overline{\varepsilon_{ik}} x_k^{j+} + u_i^* \tag{2-53}$$

$$u_i^{j-} = \overline{\varepsilon_{ik}} x_k^{j-} + u_i^* \tag{2-54}$$

式中，上标 $j+$ 和 $j-$ 分别表示沿轴向的正方向和负方向。对于一对平行面来说，u_i^* 是相同的，故两式相减可得：

$$u_i^{j+} - u_i^{j-} = \overline{\varepsilon_{ik}} (x_k^{j+} - x_k^{j-}) = \overline{\varepsilon_{ik}} \Delta x_k^j \tag{2-55}$$

Δx_k^j 为常数，当给定 $\overline{\varepsilon_{ik}}$ 时，式右侧的位移差变为常数，则上式可以改写为：

$$u_i^{j+} - u_i^{j-} = C_i^j \quad (i,j=1,2,3) \tag{2-56}$$

式中，C_1^1、C_2^2、C_3^3 分别为三个方向上的平均拉压变形分量，另外三个常量为剪切变形分量。

(4) 微分方法

微分方法是计算复合材料的力学性能的另一种方法，其基本思路为一个夹杂相的"存取"过程。先假设一个单胞模型中全为基体，体积为 V，从中取出一个体积为 dV 的单元，dV 单元为体积 V 中的一个微元，然后再在其中加入相同大小的夹杂相，夹杂相均匀分布在体积为 V 的基体中。通过不断重复这个过程，直至基体单元中的夹杂相的比例和复合材料中的比例一致，同时夹杂相在基体中的形状由复合材料实际的形状来进行确定，将这个不断"存取"得到的模型近似于复合材料模型，通过计算模型的力学性能即可近似等于复合材料的力学性能。图 2-5 为微分方法示意图。

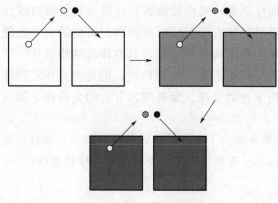

图 2-5 微分方法示意图

设基体的初始的体积百分比为 t_1，其中取出 dV 的单元后加入相同体积的夹杂相，得到新材料中夹杂的占比为 T：

$$T = t_1 + dt_1 \tag{2-57}$$

则夹杂相的总体积为：

$$V(T) = V(t_1 + dt_1) = Vt_1 + dV - t_1 dV \tag{2-58}$$

则可以得到：

$$\frac{dV}{V} = \frac{dt_1}{1 - t_1} \tag{2-59}$$

设取出微元之前基体的弹性模量为 $C(c_1)$，则其在加入体积 dV 的夹杂之后形成的复合材料的弹性模量为 C'，则：

$$C' = C(t_1 + dt_1) = C(t_1) + \frac{dt_1}{1 - t_1}[C_1 - C(t_1)] \tag{2-60}$$

上式可进一步得到：

$$\frac{dC}{dt_1} = \frac{1}{1 - t_1}[(C_1 - C)^{-1} + p_1]^{-1} \tag{2-61}$$

其中，p_1 为夹杂相的张量；$t_1 = 0$，$C = C_0$。

分析过程中将夹杂问题简化，将夹杂简化为球形，基体和夹杂都为各向同性材料，夹杂相的 p_1 张量也为各向同性张量，则：

$$p_1 = (3\overline{K_p}, 2\overline{G_p}) \tag{2-62}$$

其中，K 和 G 分别为材料的弹性模量和剪切模量，则由上述公式可以得到：

$$\frac{\mathrm{d}\overline{K}}{\mathrm{d}t_1}=\frac{1}{1-t_1}\times\frac{K_1-\overline{K}}{1+9\overline{K}_p(K_1-\overline{K})} \tag{2-63}$$

$$\frac{\mathrm{d}\overline{G}}{\mathrm{d}t_1}=\frac{1}{1-t_1}\times\frac{K_1-\overline{G}}{1+4\overline{K}_p(G_1-\overline{G})} \tag{2-64}$$

其中，$t_1=0$，$\overline{K}=K_0$，$\overline{G}=G_0$，通过上式即可得到材料的弹性模量及剪切模量。

**参考
文献**

［1］ 梁军，方国东．三维编织复合材料力学性能分析方法[M]．哈尔滨：哈尔滨
工业大学出版社，2014．

［2］ Florentine R. Apparatus for weaving a three-dimensional article: US，4. 312. 261
[P]. 1982-01-26.

［3］ Popper P, Mcconnell R F. Complex shaped braided structures: US, 4719837[P].
1988-01-19.

［4］ Tsuzuki M, Kimbara M, Fukuta K, et al. Three-dimensional fabric woven by
interlacing threads with rotor driven carries: US, 5067525[P]. 1991-10-26.

［5］ CHAMIS C C. Mechanics of composite materials: past, present and future[J].
Journal of Composites Technology and Research, 1989, 11: 3-14.

［6］ Halpin J C . Primer on composite materials: analysis[M]. Washington Univ,
1992.

［7］ BABUSK I. Homogenization approach in engineering [M]//Computing methods
inapplied sciences and engineering. Berlin Heidelberg: Springer, 1976.

［8］ 郑成功．基于渐进均匀化方法的纤维增强复合材料力学性能分析及应用[D]．
吉林大学，2020. DOI: 10. 27162/d. cnki. gjlin. 2020. 004069．

［9］ Xia Z, Zhang Y, Ellyin F. A unified periodical boundary conditions for
representative volume elements of composites and applications[J]. International
Journal of Solids and Structures, 2003, 40（8）: 1907-1921.

［10］ 沈观林，胡更开，刘彬．复合材料力学[M]．北京：清华大学出版社，2006．

第**3**章
三维编织碳纤维复合材料细观
结构参数化设计

3.1　三维五向矩形单胞结构参数化模型

3.1.1　三维五向矩形编织工艺规律

　　四步法编织工艺的纱线在空间三个方向均发生相对运动，携纱器运动四步为一个编织周期，若每步中所有的行或列运动的距离相同，则称为 1×1 编织方式。另外，根据编织机器底盘形状的差异，四步法编织可分为矩形编织和环形编织两种形式。本书的研究均是在四步法矩形 1×1 编织方式的基础上进行的，该编织方式如图 3-1 所示。

　　四步法编织的第一步为相邻行携纱器交错移动一步，第二步为相邻列携纱器交错移动一步，第三步与第一步运动方向相反，第四步与第二步运动方向相反。四步为一个编织周期，一个周期完成后，对纱线进行打紧，打紧后一个编织周期内的织物长度即为一个花节长度。另外，四步法编织得到的纱线可分为内部纱线和外部纱线，内部纱线决定了预成型体的最终形状，而纱线的总体数目为

$$N = mn + m + n \qquad (3\text{-}1)$$

　　式中，m 和 n 为主体纱的行数与列数；mn 为内部纱线数目；$m+n$ 为外部纱线数目。

　　根据四步法编织规律，借助 Matlab 软件实现携纱器运动轨迹的模拟，如图 3-2 所示。在此基础上，参考文献［2］以三次 B 样条曲线对纱线坐标进行拟合，拟合结果如图 3-3 所示。图 3-3 较为准确地反映了四步法编织纱线的轨迹情况，能够对代表性体积单胞结构的参数化建模起到一定的辅助作用。

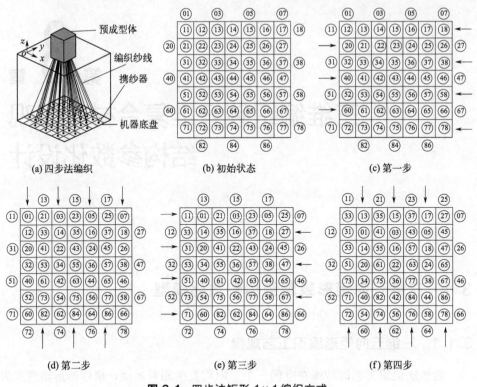

(a) 四步法编织　　　(b) 初始状态　　　(c) 第一步

(d) 第二步　　　(e) 第三步　　　(f) 第四步

图 3-1　四步法矩形 1×1 编织方式

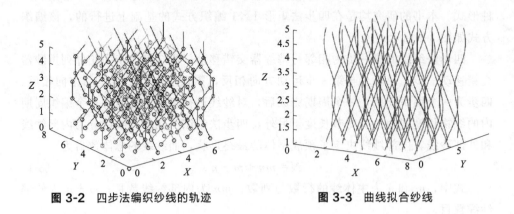

图 3-2　四步法编织纱线的轨迹　　　**图 3-3　曲线拟合纱线**

　　机器底座上不同位置处的携纱器具有不同的运动规律，据此可将携纱器分为内部携纱器、表面携纱器和棱角携纱器。进一步地，将编织平面划分为内部区域、表面区域和棱角区域。携纱器在编织平面内的运动规律和单胞区域划分方式如图 3-4(a) 和图 3-4(b) 所示。

对于内部区域，携纱器 42 在编织平面内运动 5 步的轨迹为 $A—B—C—D—E—F$，呈"Z"字形，由于打紧工序，其携带的纱线在编织平面上的投影为一直线 ($A'F'$)，该直线为携纱器运动过程中相邻位置点中点的连线。

对于表面区域，携纱器 74 在编织平面内沿 $G—H—I—J—K—L$ 的轨迹进行运动。由于携纱器 74 处于机器底盘边缘，在第二步运动后，进入到机器底盘表面区域，致使第三步运动停滞 ($I—J$)，直到第四步才返回到机器底盘内部区域。携纱器 74 携带的纱线的最终运动轨迹在编织平面上的投影为一折线 ($G'—W—L'$)。

对于棱角区域，携纱器 11 在编织平面内运动 8 步的轨迹为 $M—N—O—P—Q—R—S—T—U$，在第二步 ($N—O$) 和第五步 ($Q—R$) 时未进行运动，停滞在机器底盘的棱角区域，所携带纱线的最终运动轨迹在编织平面上的投影为一双折线 ($M'—X—Y—U'$)。

由图 3-4(b) 可知，编织纱线轨迹在 x-y 平面上的投影相互交错排布，与 y 轴夹角为 φ。对于四步法 1×1 的编织方式来说，$\varphi = 45°$。

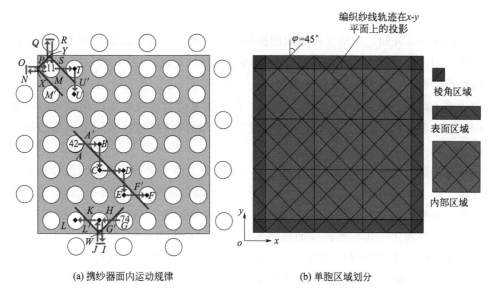

(a) 携纱器面内运动规律   (b) 单胞区域划分

图 3-4 四步法编织纱线面内运动规律

三维五向编织是在四步法编织的基础上，在每行或每列的相邻编织纱携纱器中间加入轴向纱携纱器，轴向纱的加入会显著提升织物的纵向力学性能。据此，在四步法编织纱线面内运动规律的基础上，给出了添加列向方向轴向纱携纱器的三维五向编织携纱器面内运动规律，如图 3-5 所示。

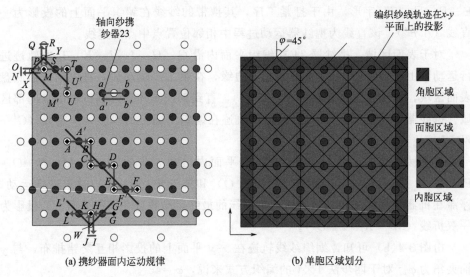

(a) 携纱器面内运动规律　　　　　　(b) 单胞区域划分

图 3-5　三维五向编织纱线面内运动规律

　　由图 3-5 可知，三维五向编织的携纱器运动规律与四步法编织基本一致，仅有的区别在于三维五向编织增加了轴向纱携纱器的运动。以图 3-5（a）所示的轴向纱携纱器 23 为例，该携纱器每运动一步就停滞一步，实际上在一个编织周期内运动了两步，分别是 $a—b$ 和 $b'—a'$，且为往复运动，在编织周期结束时，轴向纱携纱器 23 又回到了起点位置。由此说明了轴向纱携纱器实质上不参与编织运动。

　　在携纱器面内运动规律的基础上，考虑打紧工序，进行纱线空间运动轨迹的分析。对于内部区域，以携纱器 42 为例，其空间运动规律如图 3-6（a）所示，轨迹为一直线。表面区域携纱器 74 的空间运动规律如图 3-6（b）所示，携纱器 74 由于中间停滞了一步导致纱线的轨迹实际上是一条空间曲线（$G'—W—L'$），为了方便说明该空间曲线的位置，用两段折线（$G'W$ 和 WL'）进行了说明。直线段 $G'W$ 与 z 轴的夹角为 β，称为表面编织角。对于棱角区域，以携纱器 11 为例，其空间运动规律如图 3-6（c）所示，携纱器在 $O—P$ 和 $R—S$ 分别停滞一步，纱线的轨迹为一空间曲线（$M'—X—Y—U'$），该空间曲线可以由 $M'X$、XY 和 YU' 三段折线表示。线段 $M'X$ 与 z 轴的夹角为 θ，称为棱角编织角。对于轴向纱的空间运动轨迹，由于其在编织周期内实际上没有参与编织运动，因此仅需考虑打紧工序即可，其轨迹为一条与 z 轴平行的直线段。

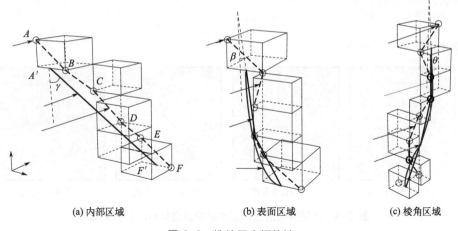

(a) 内部区域　　　　　　(b) 表面区域　　　　　　(c) 棱角区域

图 3-6　携纱器空间轨迹

3.1.2　三维五向单胞参数化建模方法

获得纱线运动规律后，结合单胞区域的划分方式，给出三维五向编织复合材料内胞、面胞和角胞三单胞的纱线拓扑模型，如图 3-7 所示。

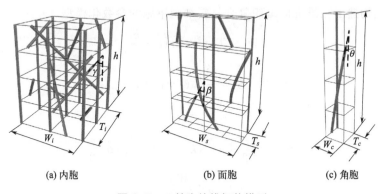

(a) 内胞　　　　　　　(b) 面胞　　　　　　(c) 角胞

图 3-7　三单胞纱线拓扑模型

构建趋近于真实情况的单胞模型是进行复合材料力学性能分析的基础。在三单胞纱线拓扑模型的基础上考虑纱线间的相互作用，进行编织纱和轴向纱截面形状的近似假设，从而构建材料单胞结构的参数化模型。Li 等通过试验得到了三

维五向编织复合材料一个编织周期内不同花节长度处的截面图像，如图 3-8
所示。

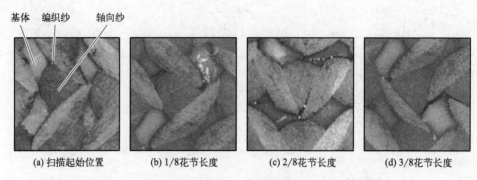

(a) 扫描起始位置　　(b) 1/8花节长度　　(c) 2/8花节长度　　(d) 3/8花节长度

图 3-8　Li 等得到的三维五向编织复合材料的截面图像

　　Zhang 等在 Li 等的基础上给出三维五向编织复合材料单胞结构参数化建模
的假设，并且建立了编织工艺参数与细观单胞几何模型参数间的数学关系，见
式(3-2)～式(3-13)。其给出的假设为：在一定编织长度内结构均匀一致；编织
纱和轴向纱的纤维填充因子 ε_b、ε_a 均取定值；编织纱截面为六边形，轴向纱截
面为四边形；在内胞中，纱线被拉直，沿轨迹等截面延长，编织纱表面与轴向纱
表面相切，且编织纱与轴向纱的相互作用均体现在轴向纱上；而在面胞和角胞
中，编织纱轨迹为曲线，编织纱与轴向纱的相互作用均体现在编织纱上。本书在
此基础上构建了三维五向编织复合材料细观单胞的参数化模型。

$$W_i = T_i = 2\sqrt{2}\left(e + \frac{k}{2}\right) \tag{3-2}$$

$$S_j = \frac{\lambda_j}{\rho_j \varepsilon_j}(j = a, b) \tag{3-3}$$

$$S_a = e^2 \tag{3-4}$$

$$S_b = 2\left(\frac{k}{2} + e\right) \times k \times \cos\gamma - \frac{k^2}{2}\cot\frac{\phi}{2} \tag{3-5}$$

$$h = \frac{W_i}{\tan\alpha} \tag{3-6}$$

$$\phi = 2\arcsin\frac{1}{\sqrt{1 + \cos^2\gamma}} \tag{3-7}$$

$$l = l'\cos\gamma \tag{3-8}$$

$$l' = \frac{\sqrt{2}}{2}T_i \tag{3-9}$$

$$e' = \frac{\sin\varphi W_i}{4} \tag{3-10}$$

$$W_i = W_s = 4W_c \tag{3-11}$$

$$T_i = 4T_s = 4T_c \tag{3-12}$$

$$\tan\gamma = \sqrt{2}\tan\alpha = \frac{6\sqrt{2}}{\pi}\tan\beta = 4\tan\theta \tag{3-13}$$

式中，W、T、h 分别为三单胞几何模型的宽度、厚度和高度；下标 i、s、c 分别指内胞、面胞和角胞；S_a、S_b 为轴向纱和编织纱的横截面面积；λ_a、λ_b、ρ_a、ρ_b 分别为轴向纱线密度、编织纱线密度、轴向纱体积密度和编织纱体积密度；ε_a、ε_b 为轴向纱和编织纱的填充因子；k、ϕ、l、l' 分别为编织纱截面宽度、编织纱截面顶角角度、编织纱长度和三单胞横截面上完整编织纱的长度；e 为轴向纱横截面边长；e' 为初始轴向纱横截面边长；α 为表面编织纱纹路与编织方向的夹角，为方便描述，本书将 α 简称为编织角；γ、β、θ 分别为内部、表面和棱角编织角。图 3-9 给出了上述参数的示意。

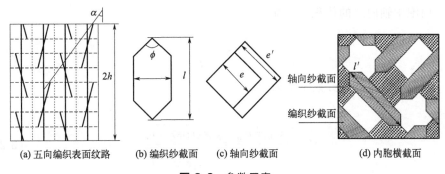

(a) 五向编织表面纹路　(b) 编织纱截面　(c) 轴向纱截面　(d) 内胞横截面

图 3-9 参数示意

3.1.3 纤维体积分数计算

纤维体积分数是衡量纤维增强复合材料性能的重要指标。借助三维五向编织复合材料单胞结构的参数化模型，利用纱线参数和单胞几何参数可以导出材料的纤维体积分数。当编织长度为一个花节长度 h 时，角胞数目为 4，内胞数目 i_n 和面胞数目 s_n 分别为

$$i_n = \frac{(m-1)(n-1)}{4} \tag{3-14}$$

$$s_n = m + n - 2 \tag{3-15}$$

单个内胞、面胞、角胞的体积比为 16 : 4 : 1。因此，内胞、面胞和角胞体积分别占复合材料整体体积的百分比 V_i、V_s、V_c 为

$$V_i = \frac{(m-1)(n-1)}{mn} \tag{3-16}$$

$$V_s = \frac{m+n-2}{mn} \tag{3-17}$$

$$V_c = \frac{1}{mn} \tag{3-18}$$

单个内胞的体积 v_i 为

$$v_i = W_i T_i h = 8\left(e + \frac{k}{2}\right)^2 h \tag{3-19}$$

内胞中编织纱的体积 v_{ib} 为

$$v_{ib} = \frac{4S_b h}{\cos\gamma} = \frac{4\lambda_b h}{\rho_b \varepsilon_b \cos\gamma} \tag{3-20}$$

内胞中轴向纱的体积 v_{ia} 为

$$v_{ia} = 4S_a = \frac{4\lambda_a h}{\rho_a \varepsilon_a} \tag{3-21}$$

内胞的纤维体积分数 V_{if} 为

$$V_{if} = \frac{v_{ib} + v_{ia}}{v_i} = \frac{\dfrac{\lambda_b}{\rho_b \varepsilon_b \cos\gamma} + \dfrac{\lambda_a}{\rho_a \varepsilon_a}}{2\left(e + \dfrac{k}{2}\right)^2} \tag{3-22}$$

单个面胞的体积 v_s 为

$$v_s = W_s T_s h = 2\left(e + \frac{k}{2}\right)^2 h \tag{3-23}$$

面胞中编织纱的体积 v_{sb} 为

$$v_{sb} = \frac{2S_b h}{\cos\beta} = \frac{2\lambda_b h}{\rho_b \varepsilon_b \cos\beta} \tag{3-24}$$

面胞中轴向纱的体积 v_{sa} 为

$$v_{sa} = S_a h = \frac{\lambda_a h}{\rho_a \varepsilon_a} \tag{3-25}$$

面胞的纤维体积分数 V_{sf} 为

$$V_{sf} = \frac{v_{sb} + v_{sa}}{v_s} = \frac{\dfrac{\lambda_b}{\rho_b \varepsilon_b \cos\beta} + \dfrac{\lambda_a}{2\rho_a \varepsilon_a}}{\left(e + \dfrac{k}{2}\right)^2} \tag{3-26}$$

单个角胞的体积 v_c 为

$$v_c = W_c T_c h = \frac{1}{2}\left(e + \frac{k}{2}\right)^2 h \tag{3-27}$$

角胞中编织纱的体积 v_{cb} 为

$$v_{cb} = \frac{3}{16} S_a h = \frac{3\lambda_b h}{16\rho_b \varepsilon_b \cos\theta} \tag{3-28}$$

角胞中轴向纱的体积 v_{ca} 为

$$v_{ca} = \frac{1}{4} S_a h = \frac{\lambda_a h}{4\rho_a \varepsilon_a} \tag{3-29}$$

角胞的纤维体积分数 V_{cf} 为

$$V_{cf} = \frac{v_{cb} + v_{ca}}{v_c} = \frac{\dfrac{3\lambda_b}{\rho_b \varepsilon_b \cos\beta} + \dfrac{4\lambda_a}{\rho_a \varepsilon_a}}{8\left(e + \dfrac{k}{2}\right)^2} \tag{3-30}$$

最后，三维五向编织复合材料的纤维体积分数可通过式（3-31）计算得到。

$$V_f = V_i V_{if} + V_s V_{sf} + V_c V_{cf} \tag{3-31}$$

3.2　2.5D 编织复合材料参数化模型

3.2.1　2.5D 单胞模型

2.5D 编织复合材料主要是通过经纱将厚度方向层层叠加得到的纬纱交织起来形成的一个整体材料，不同的材料结构的区别主要为交织深度，按照经纱的交织深度来划分可以分为浅交联结构和深交联结构。深交联结构经纱从织物的上下表面交织，纵向通过整个材料的厚度方向，浅交联结构经纱在两层或多层内交织，并不贯穿整个构建厚度，故而其结构的表面损伤并不会使整个结构厚度的经纱都断裂，更好地保持了结构的完整性。如图 3-10~图 3-13 为几种典型编织结构的纱线轨迹图。图中黑色圆点为纬纱纱线，全部为直线段，环绕纬纱的为经纱纱线。

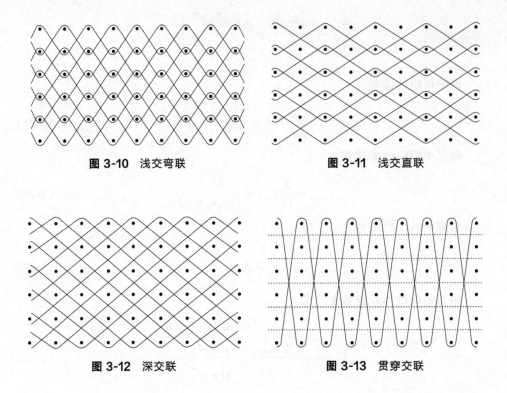

图 3-10　浅交弯联　　　　　　　　　　图 3-11　浅交直联

图 3-12　深交联　　　　　　　　　　　图 3-13　贯穿交联

　　复合材料的细观力学分析过程中，通常采用对单个重复单元进行力学性能分析，而对于这些重复单元通常存在着两个相似的概念：单胞和代表性体积单元（RVE）。单胞和 RVE 有所区别，单胞通常指在空间三个方向上经过不断平移变换即可得到材料的整体模型，而 RVE 所代表的单元在得到整体材料时可通过平移、旋转、镜像等多种几何变换方法，故 RVE 是一个比单胞更加广泛的概念。对于浅交弯联结构来说，材料的宏观整体由单胞进行平移变换得到。如果将单胞进一步地进行镜像或者旋转，则用于分析的单胞模型的大小可以进一步变小，有限元分析的成本可以进一步降低，则进一步缩减后的单胞尺寸即为 RVE，但是，缩减尺寸的 RVE 模型虽然能够使计算变得简单，但是在边界条件的施加上更加困难。故而学者们大多选择用单胞模型来进行计算，从而降低施加周期性边界条件的难度。

　　如图 3-14、图 3-15 所示分别为单胞和代表性体积单元。虽然 2.5D 浅交弯联结构上下外表面处的单胞模型和内部的单胞模型有所不同，但是实际的材料模型中，上下表面所占比例很小，可以忽略不计，故本书用内部单胞模型代替上下表面的单胞模型，作为材料整体的模型进行分析与计算。

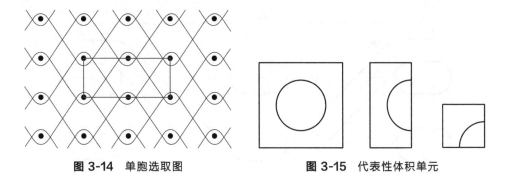

图 3-14　单胞选取图　　　　　　　　图 3-15　代表性体积单元

3.2.2　2.5D 单胞参数化建模方法

本书以浅交弯联结构为研究对象，详细研究了材料内部的纱线轨迹、纱线截面等的变化，建立细观单胞模型来模拟其内部结构。为了详尽分析其纱线截面形状，本书将其纱线截面形状假设为"跑道"、凸透镜形和六边形，分析不同纱线截面形状下其力学性能的差异。如图 3-16、图 3-17 所示为分别在 Texgen 和三维实体建模软件中建立的浅交弯联结构示意图。

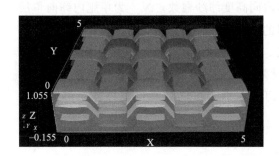

图 3-16　Texgen 建模

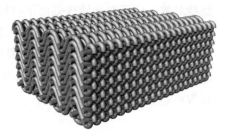

图 3-17　实体软件建模

(1)"跑道"形

为了对单胞细观模型进行准确定量的描述，保证单胞的顺利构建，首先提出如下假设：①纬纱纱线采用"跑道"形、经纱为矩形；②纬纱均为直线段，经纱分为直线和曲线两种情况，与纬纱接触为曲线，其余为直线；③纤维束排列紧密且均匀，各个截面形状均不产生形变。

如图 3-18 所示为纬纱方向纱线截面示意图，建立相应的材料整体坐标系，坐标系的 x、y、z 轴分别对应于材料的经向、纬向和厚度方向。则单胞的长

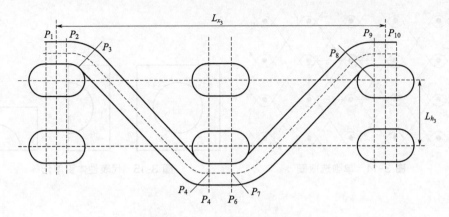

图 3-18 "跑道"形纱线轨迹

L_{x_1} 和宽 L_{y_1} 分别为：

$$\begin{cases} L_{x_1} = 10(N_{w_1}-1)/M_{w_1} \\ L_{y_1} = 20N_{j_1}/M_{j_1} \end{cases} \tag{3-32}$$

式中，L_{x_1}、L_{y_1} 分别为单胞的长和宽，mm；M_{j_1}、M_{w_1} 分别为经纱和纬纱的排列密度，根/cm；N_{w_1} 为单胞内同高度纬纱根数；N_{j_1} 为单胞内纬向单层经纱对数。由于三种纱线截面下材料的基本参数大多相同，对于相同的参数只是下标不同，下面不再重新解释其含义。

a. 纱线截面形状　经纱截面假设为矩形，纬纱截面假设为"跑道"形，如图 3-19、图 3-20 所示。通过对其几何关系确定可以计算得到经纱矩形截面参数为：

$$\begin{cases} A_{j_1} = \dfrac{T}{\rho P_{j_1}} \\[2mm] W_{1j_1} = \dfrac{10}{M_{j_1}} \\[2mm] W_{2j_1} = \dfrac{A_{j_1}}{W_{1j_1}} \end{cases} \tag{3-33}$$

式中，A_{j_1} 为经纱截面面积，mm²；T 为纤维束线密度，g/m；W_{1j_1}、W_{2j_1} 分别为矩形的宽度和高度，mm；ρ 为纤维体积密度，g/cm³；P_{j_1} 为经纱纤维束填充因子。

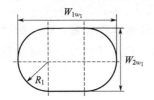

图 3-19 "跑道"形纬纱截面

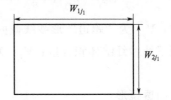

图 3-20 "跑道"形经纱截面

对于"跑道"形纱线截面，其截面参数可由下面公式计算得出：

$$\begin{cases} A_{w_1} = \dfrac{T}{\rho P_{w_1}} = \pi R_1^2 + (W_{1w_1} - 2R_1)W_{2w_1} \\ L_{z_1} = W_{2w_1} N_{h_1} + (N_{h_1} + 1)W_{2j_1} \end{cases} \tag{3-34}$$

式中，A_{w_1} 为纬纱纤维束面积，mm^2；W_{1w_1}、W_{2w_1} 分别为"跑道"形纱线截面的宽度和高度，mm；L_{z_1} 为单胞的厚度，通过实测获得；P_{w_1} 为纬纱纤维束填充因子；R_1 为"跑道"形截面圆半径，mm；N_{h_1} 为厚度方向上纬纱根数。

同时，根据纱线截面的相关几何关系可以得到：

$$W_{2w_1} = 2R_1 \tag{3-35}$$

由上式通过变换即可得到纱线截面的相关参数。

b. 纤维体积分数　在一个单胞内，经纱的全长为：

$$L_1 = \sum_{i=1}^{10} P_i P_{i+1} = 4\overline{P_1 P_2} + 4\overline{P_2 P_3} + 2\overline{P_3 P_4} \tag{3-36}$$

其中，由几何关系可知：

$$\overline{P_1 P_2} = \frac{1}{2}W_{1w_1} - R_1 \tag{3-37}$$

$$\overline{P_2 P_3} = \left(\frac{1}{2}W_{2j_1} + R_1\right)\frac{\pi}{180}\theta_1 \tag{3-38}$$

$$\overline{P_3 P_4} = \left(\frac{1}{2}W_{2j_1} + R_1\right)\cot\theta_1 + L_{h_3}\sin\theta_1 \tag{3-39}$$

则其单胞中各部分的纤维体积分数为：

$$V_{j_1} = \frac{2L_1 A_{j_1} P_{j_1}}{L_{x_1} L_{y_1} L_{h_1}} = \frac{2(4\overline{P_1 P_2} + 4\overline{P_2 P_3} + 2\overline{P_3 P_4})A_{j_1} P_{j_1}}{L_{x_1} L_{y_1} L_{h_1}} \tag{3-40}$$

$$V_{w_1} = \frac{2A_{w_1} L_{y_1} P_{j_1}}{L_{x_1} L_{y_1} L_{h_1}} = \frac{2A_{w_1} P_{j_1}}{L_{x_1} L_{h_1}} \tag{3-41}$$

$$V_{F_1} = V_{j_1} + V_{w_1} = \frac{2L_1 A_{j_1} P_{j_1} + 2A_{w_1} L_{y_1} P_{j_1}}{L_{x_1} L_{y_1} L_{h_1}} \tag{3-42}$$

式中，V_{j_1} 为"跑道"形纱线截面下经纱纤维体积含量；V_{w_1} 为"跑道"形纱线截面下纬纱纤维体积含量；V_{F_1} 为"跑道"形纱线截面下纤维体积含量。

(2) 凸透镜形

选择一个单胞作为研究对象，设定前提与"跑道"形纱线截面相似，唯一不同之处在于其纬纱纱线截面为凸透镜形。

如图 3-21 所示为纬纱纱线截面示意图，取如图所示大小为一个单胞，则由图可知单胞的长和宽分别为：

$$\begin{cases} L_{x_2} = 10(N_{w_2} - 1)/M_{w_2} \\ L_{y_2} = 20 N_{j_2}/M_{j_2} \end{cases} \tag{3-43}$$

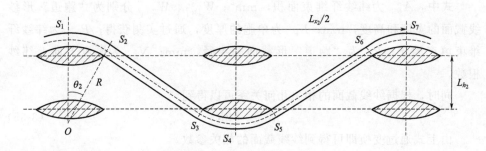

图 3-21　凸透镜形纱线轨迹

a. 纱线截面参数　经纱截面假设为矩形、纬纱截面为凸透镜形，如图 3-22、图 3-23 所示。分别对经纬纱线截面形状进行计算分析可得其矩形截面的计算公式为：

$$\begin{cases} A_{j_2} = \dfrac{T}{\rho P_{j_2}} \\[2mm] W_{1j_2} = \eta \dfrac{10}{M_{j_2}} \\[2mm] W_{2j_2} = \dfrac{A_{j_2}}{W_{1j_2}} \end{cases} \tag{3-44}$$

式中，η 为间隔系数，是经纱实际宽度与无填充纱条件下内层经纱理论宽度之比。通常其数值为（B 为填充纱的加纱比）：

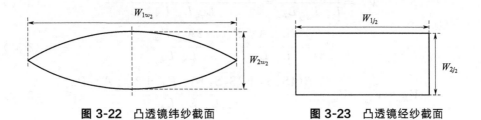

图 3-22　凸透镜纬纱截面　　　　　图 3-23　凸透镜经纱截面

$$\eta=\begin{cases}1.7 & (\text{无填充纱结构的外层经纱})\\[2mm]\dfrac{2}{2B+1} & (\text{有填充纱结构的外层经纱})\\[2mm]\dfrac{2}{2B+2} & (\text{内部经纱})\end{cases}\qquad(3\text{-}45)$$

双凸透镜的截面参数为：

$$\begin{cases}A_{w_2}=\dfrac{T}{\rho P_{w_2}}=2R^2\theta_2-W_{1w_2}R-\dfrac{W_{1w_2}W_{2w_2}}{2}\\[3mm]L_{z_2}=W_{2w_2}N_{h_2}+(N_{h_2}+1)W_{2j_2}\\[3mm]R=\dfrac{W_{1w_2}^2+W_{2w_2}^2}{4W_{2w_2}}\\[3mm]\theta_2=\arcsin\dfrac{2W_{1w_2}W_{2w_2}}{W_{1w_2}^2+W_{2w_2}^2}\end{cases}\qquad(3\text{-}46)$$

式中，R 为双凸透镜截面的曲率半径，mm；θ_2 为双凸透镜截面的转过角度。

b. 纤维体积分数　单胞内经纱全长 L_2（mm）可由 $S_1 \sim S_7$ 六段纱线组成，即：

$$L_2=\sum_{i=1}^{6}S_iS_{i+1}=4\overline{S_1S_2}+2\overline{S_2S_3}\qquad(3\text{-}47)$$

其中：

$$\overline{S_1S_2}=\left(R+\dfrac{W_{2j_2}}{2}\right)\theta_2\qquad(3\text{-}48)$$

$$\overline{S_2S_3}=\sqrt{(W_{2j_2}\cos\theta_2+L_h)^2+\left[\dfrac{N_w-1}{2}L_w-(2R+W_{2j_2})\sin\theta_2\right]^2}\qquad(3\text{-}49)$$

则其单胞的纤维体积分数为：

$$V_{j_2} = \frac{2L_2 A_{j_2} P_{j_2}}{L_{x_2} L_{y_2} L_{h_2}} = \frac{2(4\overline{S_1 S_2} + 2\overline{S_2 S_3}) A_{j_2} P_{j_2}}{L_{x_2} L_{y_2} L_{h_2}} \tag{3-50}$$

$$V_{w_2} = \frac{2L_{y_2} A_{w_2} P_{w_2}}{L_{x_2} L_{y_2} L_{h_2}} = \frac{2 A_{w_2} P_{w_2}}{L_{x_2} L_{h_2}} \tag{3-51}$$

$$V_{F_2} = V_{j_2} + V_{w_2} = \frac{2(4\overline{S_1 S_2} + 2\overline{S_2 S_3}) A_{j_2} P_{j_2} + 2L_{y_2} A_{w_2} P_{w_2}}{L_{x_2} L_{y_2} L_{h_2}} \tag{3-52}$$

(3) 六边形

截取单胞纬纱方向纱线截面，可得经纬纱线轨迹图为：

如图 3-24 所示，材料单胞的经向、纬向和厚度方向分别对应于全局坐标系下的 x、y、z 方向，对于一个单胞模型来说，其整体尺寸为：

$$\begin{cases} L_{x_3} = 10(N_{w_3} - 1)/M_{w_3} \\ L_{y_3} = 20 N_{j_3}/M_{j_3} \end{cases} \tag{3-53}$$

式中，N_{w_3} 浅交弯联结构取 3；N_{j_3} 该单胞取 1。

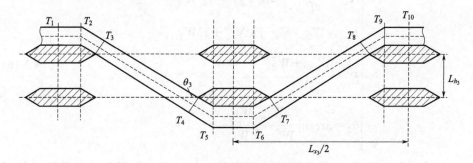

图 3-24 六边形截面纱线轨迹

a. 纱线截面参数 如图 3-25、图 3-26 所示为六边形纱线截面下纬纱和经纱的纱线截面形状。对于经纱的矩形截面来说，其宽度 W_{1j_3} 和高度 W_{2j_3} 为：

$$\begin{cases} A_{j_3} = \dfrac{T}{\rho P_{j_3}} \\ W_{1j_3} = \dfrac{10}{M_{j_3}} \\ W_{2j_3} = \dfrac{A_{j_3}}{W_{1j_3}} \end{cases} \tag{3-54}$$

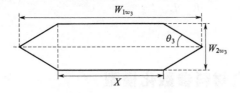

图 3-25 六边形纬纱截面

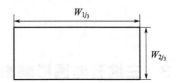

图 3-26 六边形经纱截面

对于纬纱的六边形纱线截面来说，其参数可由下列方程组得出：

$$\begin{cases} A_{w_3} = \dfrac{T}{\rho P_{w_3}} = x W_{2w_3} + \dfrac{1}{2} W_{2w_3}^2 \cot\theta_3 \\[4mm] W_{2w_3} = \dfrac{L_{z_3} - (N_{h_3} + 1) W_{2j_3}}{N_{h_3}} \\[4mm] \dfrac{L_{x_3}}{2} = W_{1w_3} + W_{2j_3} \cot\theta_3 + (W_{2j_3} + W_{2w_3}) \cot\theta_3 \\[3mm] \qquad = x + 2(W_{2j_3} + W_{2w_3}) \cot\theta_3 \end{cases} \tag{3-55}$$

式中，x 为六边形直边长度，mm；θ_3 为经纱倾斜段取向角。

b. 纤维体积分数 由图可知，经纱的纱线长度从 $T_1 \sim T_{10}$，其中，$T_1 T_2$、$T_5 T_6$、$T_9 T_{10}$ 三段为平直线段，$T_2 T_5$、$T_6 T_9$ 两段为倾斜直线段。则在一个完整周期内经纱的纱线长度为：

$$L_3 = \sum_{i=1}^{10} T_i T_{i+1} = 4 T_1 T_2 + 2 T_2 T_5 \tag{3-56}$$

其中，$T_1 T_2 = \dfrac{x}{2}$，$T_2 T_5 = 2(W_{2j_3} + W_{2w_3}) \sqrt{1 + \cot^2\theta_3}$。

同时，由图可知：

$$L_{h_3} = W_{2j_3} + W_{2w_3} \tag{3-57}$$

则由以上公式可知，单胞内各部分的纤维体积含量为：

$$V_{j_3} = \frac{2 L_3 A_{j_3} P_{j_3}}{L_{x_3} L_{y_3} L_{h_3}} = \frac{2 A_{j_3} P_{j_3} (44 T_1 T_2 + 2 T_2 T_5)}{L_{x_3} L_{y_3} L_{h_3}} \tag{3-58}$$

$$V_{w_3} = \frac{2 L_{y_3} A_{w_3} P_{w_3}}{L_{x_3} L_{y_3} L_{h_3}} = \frac{2 A_{w_3} P_{w_3}}{L_{x_3} L_{h_3}} \tag{3-59}$$

$$V_{F_3}=V_{j_3}+V_{w_3}=\frac{2A_{j_3}P_{j_3}\left(44T_1T_2+2T_2T_5\right)+2L_{y_3}A_{w_3}P_{w_3}}{L_{x_3}L_{y_3}L_{h_3}} \qquad (3\text{-}60)$$

3.3 三维五向圆形编织复合材料参数化模型

三维编织复合材料单胞几何结构、编织角度和纤维体积含量等物理特性，对材料力学性能和应用至关重要，目前，对于圆形编织物理特性的研究工作主要集中在圆状管方面，对于圆形横向编织的研究较少，然而，圆形横向编织复合材料在法兰盘、轴端盖等零件上具有非常好的应用价值。

为了快速预测圆形横向编织复合材料的物理特性，本节针对三维五向圆形横向编织单胞几何结构的特点，构建了三种单胞物理特性预测的数学模型，通过数学模型数值分析不同编织参数对复合材料基体体积、纤维体积、编织角度、纤维体积含量和重量等物理特性的影响，为后续三维五向圆形编织复合材料力学性能的研究奠定理论基础。

3.3.1 三维五向圆形横向编织纱线运动规律分析

如图 3-27 所示，三维五向圆形横向编织所用到的编织方法为四步法圆形编织，圆形和矩形编织方法类似，差异之处在于圆形编织的坐标系为极坐标，以 5×6（Z 方向 5 层，径向 6 根编织纱，$M=6$，径向 6 根轴纱，$N=6$）为例说明三维五向四步法圆形编织的工作原理。

图 3-27 中，(a) 为初始位置，第一步，在图 (a) 基础上，行携纱器相互移动，偶数行［图 (a) 中第 2、4 行］向 $-\theta$ 方向移动，奇数行［图 (a) 中第 3 行］向 $+\theta$ 方向移动，移动之后的结果如图 (b) 所示。第二步，在图 (b) 基础上，列携纱器相互移动，偶数列向 $+\rho$ 方向移动，奇数列向 $-\rho$ 方向移动，移动之后的结果如图 (c) 所示。第三步，在图 (c) 基础上，行携纱器相互移动，偶数行［图 (a) 中第 2、4 行］向 $+\theta$ 方向移动，奇数行［图 (a) 中第 3 行］向 $-\theta$ 方向移动，移动之后的结果如图 (d) 所示。第四步，在图 (d) 基础上，列携纱器相互移动，偶数列向 $-\rho$ 方向移动，奇数列向 $+\rho$ 方向移动，移动之后的结果如图 (e) 所示。图 3-27 中，• 为轴向携纱器，轴向携纱器只沿 θ 方向移动，不沿 ρ 方向移动。携纱器不断地循环上述四步运动逐渐编织成所需的预制件，如图 3-27 中 (f) 所示。

图 3-28 为三维圆形编织材料纱线的截面形状，编织纱的截面形状为椭圆，

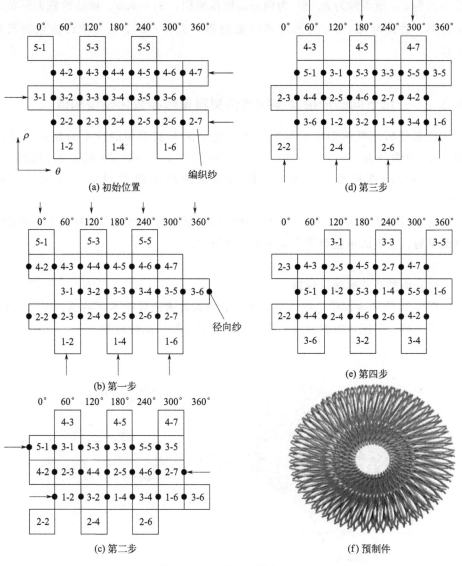

(a) 初始位置

(b) 第一步

(c) 第二步

(d) 第三步

(e) 第四步

(f) 预制件

图 3-27　三维圆形编织原理

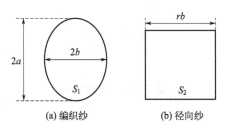

(a) 编织纱

(b) 径向纱

图 3-28　纱线截面形状

长半轴为 a，短半轴为 b，S_1 为椭圆的横截面积，$S_1 = \pi ab$。轴纱的截面形状为正方形，边长为 rb，S_2 为轴纱的横截面积，$S_2 = r^2 b^2$，r 为轴纱横截面尺寸系数。

3.3.2 三维五向圆形横向编织复合材料单胞参数化模型构建

根据分析三维圆形编织原理发现，整个圆形编织预制件中的编织纱是由图 3-27 中编号为 1-2、2-4、2-5、3-2、3-3、4-3、4-4、5-3 的 8 种纱线，通过在圆周方向阵列得到，因此，圆形编织预制件的微观结构应该具有周期性。

为了提高建模效率，将三维五向圆形编织复合材料的最小研究单元，划分为内部单胞、上表面单胞和下表面单胞三种形式。

(1) 内部单胞参数化计算

图 3-29 中的内部单胞可以进一步细分为四种运动规律不同的 A、B、C 和 D 四个子区域，子区域沿着径向编织方向，向外不断周期性延伸。

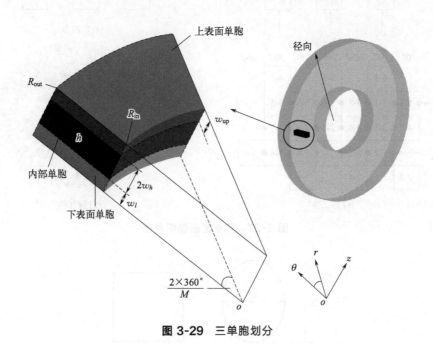

图 3-29 三单胞划分

由于在编织过程中四步一个循环，因此，在图 3-30 中取一个花节长度 h 为

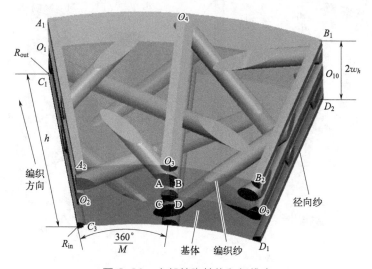

图 3-30 内部单胞基体和纤维束

内部单胞的宽度，内部子单胞高度为 w_h。图 3-31 为四种形式内部单胞基体和纤维束截面图，由图 3-31 可知，编织过程其实就是使纱线按照一定规律交织在一起。

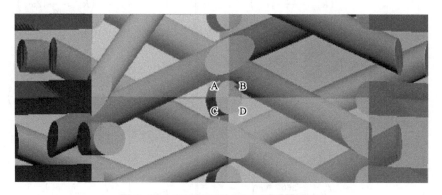

图 3-31 内部单胞基体和纤维束截面图

图 3-32 为内部单胞 A 和 B 位置关系图，定义内部编织纱线和编织方向之间的夹角为内部编织角 γ，图 3-32 中 γ_1 和 γ_2 为内部单胞 A 的内部编织角度，γ_3 和 γ_4 为内部单胞 B 的内部编织角度。

根据图 3-32 中内部单胞 A 和 B 位置关系图，可以得到在圆柱坐标系（ρ, θ, z）下，图 3-32 中 A_i 和 B_i 点的参数化坐标如表 3-1 所示。

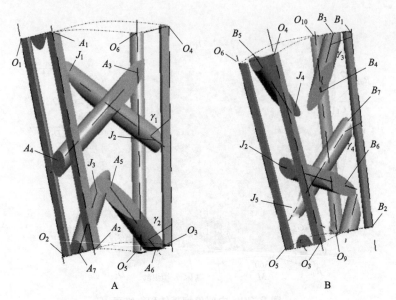

图 3-32 内部单胞 A 和 B 位置关系图

⊡ 表 3-1　A_i 和 B_i 点在圆柱坐标系下的坐标

位置	坐标	位置	坐标
A_1	$\left(R_{out}, \dfrac{-360°}{M}, w_h\right)$	B_1	$\left(R_{out}, \dfrac{360°}{M}, 2w_h\right)$
A_2	$\left(R_{in}, \dfrac{-360°}{M}, w_h\right)$	B_2	$\left(R_{in}, \dfrac{360°}{M}, 2w_h\right)$
A_3	$\left(R_{in}+\dfrac{3h}{4}, \dfrac{-180°}{M}, w_h\right)$	B_3	$\left(R_{out}, \dfrac{360°}{M}, \dfrac{3}{2}w_h\right)$
A_4	$\left(R_{in}+\dfrac{h}{2}, \dfrac{-360°}{M}, \dfrac{w_h}{2}\right)$	B_4	$\left(R_{in}+\dfrac{3h}{4}, \dfrac{180°}{M}, 2w_h\right)$
A_5	$\left(R_{in}+\dfrac{h}{4}, \dfrac{-180°}{M}, w_h\right)$	B_5	$\left(R_{out}, 0°, \dfrac{3}{2}w_h\right)$
A_6	$\left(R_{in}, 0°, \dfrac{w_h}{2}\right)$	B_6	$\left(R_{in}+\dfrac{h}{4}, \dfrac{180°}{M}, 2w_h\right)$
$A7$	$\left(R_{in}, \dfrac{-360°}{M}, \dfrac{w_h}{2}\right)$	B_7	$\left(R_{in}+\dfrac{h}{2}, \dfrac{360°}{M}, \dfrac{3}{2}w_h\right)$

　　图 3-33 为内部单胞 C 和 D 位置关系图，图 3-33 中 γ_5 和 γ_6 为内部单胞 C 的内部编织角度，γ_7 和 γ_8 为内部单胞 D 的内部编织角度。在图 3-32 和图 3-33 中，O_i 点为 A、B、C 和 D 四个子区域的共有节点，在圆柱坐标系（ρ，θ，z）下，O_i 点的参数化坐标见表 3-2。

　　图 3-32 和图 3-33 中，J_i 点为 A、B、C 和 D 四个子区域内同一根纱线的连接节点。根据内部单胞 C 和 D 位置关系图，可以得到在圆柱坐标系（ρ，θ，z）

下，图 3-33 中 C_i 和 D_i 点的参数化坐标如表 3-3 所示。

在图 3-34 中，ρ-θ-z 为圆柱坐标系，x_1-y_1-z_1 为直角坐标系，两个坐标系的坐标原点都为 O 点。

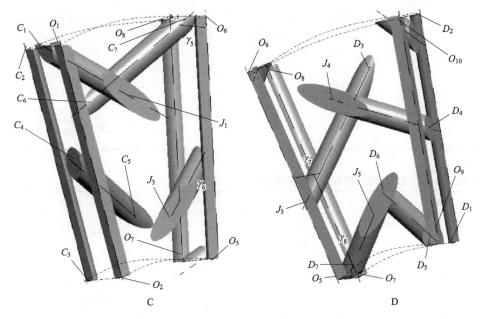

图 3-33 内部单胞 C 和 D 位置关系图

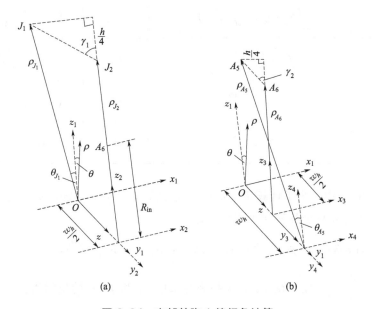

图 3-34 内部单胞 A 编织角计算

□ **表 3-2 O_i 点在圆柱坐标系下的坐标**

位置	坐标	位置	坐标
O_1	$\left(R_{\text{out}}, \dfrac{-360°}{M}, w_h\right)$	O_6	$(R_{\text{out}}, 0°, w_h)$
O_2	$\left(R_{\text{in}}, \dfrac{-360°}{M}, w_h\right)$	O_7	$(R_{\text{in}}, 0°, 0)$
O_3	$(R_{\text{in}}, 0°, 2w_h)$	O_8	$(R_{\text{out}}, 0°, 0)$
O_4	$(R_{\text{out}}, 0°, 2w_h)$	O_9	$\left(R_{\text{in}}, \dfrac{360°}{M}, w_h\right)$
O_5	$(R_{\text{in}}, 0°, w_h)$	O_{10}	$\left(R_{\text{out}}, \dfrac{360°}{M}, w_h\right)$

□ **表 3-3 C_i 和 D_i 点在圆柱坐标系下的坐标**

位置	坐标	位置	坐标
C_1	$\left(R_{\text{out}}, \dfrac{-360°}{M}, \dfrac{w_h}{2}\right)$	D_1	$\left(R_{\text{in}}, \dfrac{360°}{M}, 0\right)$
C_2	$\left(R_{\text{out}}, \dfrac{-360°}{M}, 0\right)$	D_2	$\left(R_{\text{out}}, \dfrac{360°}{M}, 0\right)$
C_3	$\left(R_{\text{in}}, \dfrac{-360°}{M}, 0\right)$	D_3	$\left(R_{\text{in}} + \dfrac{3h}{4}, \dfrac{180°}{M}, 0\right)$
C_4	$\left(R_{\text{in}} + \dfrac{h}{2}, \dfrac{-360°}{M}, \dfrac{w_h}{2}\right)$	D_4	$\left(R_{\text{in}} + \dfrac{h}{2}, \dfrac{360°}{M}, \dfrac{w_h}{2}\right)$
C_5	$\left(R_{\text{in}} + \dfrac{h}{4}, \dfrac{-180°}{M}, 0\right)$	D_5	$\left(R_{\text{in}}, \dfrac{360°}{M}, \dfrac{w_h}{2}\right)$
C_6	$\left(R_{\text{in}} + \dfrac{3h}{4}, \dfrac{-180°}{M}, 0\right)$	D_6	$\left(R_{\text{in}} + \dfrac{h}{4}, \dfrac{180°}{M}, w_h\right)$
C_7	$\left(R_{\text{out}}, 0°, \dfrac{w_h}{2}\right)$	D_7	$\left(R_{\text{in}}, 0°, \dfrac{w_h}{2}\right)$

在图 3-34 中，为了计算 J_1 和 J_2 两点的距离 $L_{J_1\text{-}J_2}$，需将编织运动过程纱线节点所在的圆柱坐标转化为直角坐标。

根据图 3-34（a）所示的位置关系得：$\rho_{J_1}^{\rho\text{-}\theta\text{-}z} = R_{\text{in}} + \dfrac{3h}{4}$，$\rho_{J_2}^{\rho\text{-}\theta\text{-}z} = R_{\text{in}} + \dfrac{h}{2}$，$\theta_{J_1}^{\rho\text{-}\theta\text{-}z} = -\dfrac{180°}{M}$，因此，在 ρ-θ-z 圆柱坐标系中 J_1 和 J_2 点的坐标为：

$$\begin{cases} J_1^{\rho\text{-}\theta\text{-}z} = \left(R_{\text{in}} + \dfrac{3h}{4}, -\dfrac{180°}{M}, w_h \right) \\ J_2^{\rho\text{-}\theta\text{-}z} = \left(R_{\text{in}} + \dfrac{h}{2}, 0, \dfrac{3w_h}{2} \right) \end{cases} \tag{3-61}$$

由于 $\rho\text{-}\theta\text{-}z$ 圆柱坐标系和 $x_1\text{-}y_1\text{-}z_1$ 直角坐标系具有相同的原点 O，因此，根据两个坐标系的位置关系，在 $x_1\text{-}y_1\text{-}z_1$ 直角坐标系中 J_1 和 J_2 点的坐标为：

$$\begin{cases} J_1^{x_1\text{-}y_1\text{-}z_1} = \left(-\left(R_{\text{in}} + \dfrac{3h}{4} \right) \sin\left(\dfrac{180°}{M} \right), w_h, \left(R_{\text{in}} + \dfrac{3h}{4} \right) \cos\left(\dfrac{180°}{M} \right) \right) \\ J_2^{x_1\text{-}y_1\text{-}z_1} = \left(0, \dfrac{3w_h}{2}, R_{\text{in}} + \dfrac{h}{2} \right) \end{cases} \tag{3-62}$$

图 3-34(a) 中，在 $x_1\text{-}y_1\text{-}z_1$ 直角坐标系中 J_1 和 J_2 两点间的距离为：

$$L_{J_1\text{-}J_2}^{x_1\text{-}y_1\text{-}z_1} = \sqrt{ \left[\left(R_{\text{in}} + \dfrac{3h}{4} \right) \sin\left(\dfrac{180°}{M} \right) \right]^2 + \left(\dfrac{w_h}{2} \right)^2 + \left[\left(R_{\text{in}} + \dfrac{3h}{4} \right) \cos\left(\dfrac{180°}{M} \right) - R_{\text{in}} - \dfrac{h}{2} \right]^2 } \tag{3-63}$$

图 3-34(b) 中，在 $\rho\text{-}\theta\text{-}z$ 圆柱坐标系中 A_5 和 A_6 点的坐标为：

$$\begin{cases} A_5^{\rho\text{-}\theta\text{-}z} = \left(R_{\text{in}} + \dfrac{h}{4}, -\dfrac{180°}{M}, 2w_h \right) \\ A_6^{\rho\text{-}\theta\text{-}z} = \left(R_{\text{in}}, 0, \dfrac{3w_h}{2} \right) \end{cases} \tag{3-64}$$

同理，在 $x_1\text{-}y_1\text{-}z_1$ 直角坐标系中 A_5 和 A_6 点的坐标为：

$$\begin{cases} A_5^{x_1\text{-}y_1\text{-}z_1} = \left(-\left(R_{\text{in}} + \dfrac{h}{4} \right) \sin\left(\dfrac{180°}{M} \right), 2w_h, \left(R_{\text{in}} + \dfrac{h}{4} \right) \cos\left(\dfrac{180°}{M} \right) \right) \\ A_6^{x_1\text{-}y_1\text{-}z_1} = \left(0, \dfrac{3w_h}{2}, R_{\text{in}} \right) \end{cases} \tag{3-65}$$

图 3-34(b) 中，在 $x_1\text{-}y_1\text{-}z_1$ 直角坐标系中 A_5 和 A_6 两点间的距离为：

$$L_{A_5\text{-}A_6}^{x_1\text{-}y_1\text{-}z_1} = \sqrt{ \left[\left(R_{\text{in}} + \dfrac{h}{4} \right) \sin\left(\dfrac{180°}{M} \right) \right]^2 + \left(\dfrac{w_h}{2} \right)^2 + \left[\left(R_{\text{in}} + \dfrac{h}{4} \right) \cos\left(\dfrac{180°}{M} \right) - R_{\text{in}} \right]^2 } \tag{3-66}$$

因此，根据图 3-34 所示的位置关系，可得内部单胞 A 的编织角度计算公式：

$$\begin{cases} \gamma_1 = \arccos \left\{ \cfrac{\cfrac{h}{4}}{\sqrt{\left[\left(R_{in}+\cfrac{3h}{4}\right)\sin\left(\cfrac{180°}{M}\right)\right]^2 + \left(\cfrac{w_h}{2}\right)^2 + \left[\left(R_{in}+\cfrac{3h}{4}\right)\cos\left(\cfrac{180°}{M}\right)-R_{in}-\cfrac{h}{2}\right]^2}} \right\} \\ \gamma_2 = \arccos \left\{ \cfrac{\cfrac{h}{4}}{\sqrt{\left[\left(R_{in}+\cfrac{h}{4}\right)\sin\left(\cfrac{180°}{M}\right)\right]^2 + \left(\cfrac{w_h}{2}\right)^2 + \left[\left(R_{in}+\cfrac{h}{4}\right)\cos\left(\cfrac{180°}{M}\right)-R_{in}\right]^2}} \right\} \end{cases}$$

$$\tag{3-67}$$

同理，根据图 3-35 所示的位置关系，可得内部单胞 B 的编织角度计算公式：

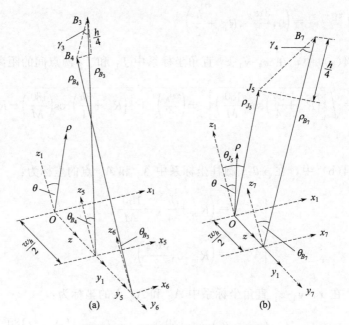

图 3-35 内部单胞 B 编织角度计算

$$\begin{cases} \gamma_3 = \arccos \left\{ \cfrac{\cfrac{h}{4}}{\sqrt{\left[X_{a_3}\right]^2 + \left[\cfrac{w_h}{2}\right]^2 + \left[R_{out}\cos\left(\cfrac{360°}{M}\right)-\left(R_{in}+\cfrac{3h}{4}\right)\cos\left(\cfrac{180°}{M}\right)\right]^2}} \right\} \\ \gamma_4 = \arccos \left\{ \cfrac{\cfrac{h}{4}}{\sqrt{\left[X_{a_4}\right]^2 + \left[\cfrac{w_h}{2}\right]^2 + \left[\left(R_{in}+\cfrac{h}{4}\right)\cos\left(\cfrac{180°}{M}\right)-\left(R_{in}+\cfrac{h}{2}\right)\cos\left(\cfrac{360°}{M}\right)\right]^2}} \right\} \end{cases}$$

$$\tag{3-68}$$

在式（3-68）中，

$$\begin{cases} X_{\alpha_3} = R_{out}\cos\left(\dfrac{360°}{M}\right) - \left(R_{in} + \dfrac{3h}{4}\right)\cos\left(\dfrac{180°}{M}\right) \\ X_{\alpha_4} = \left(R_{in} + \dfrac{h}{4}\right)\cos\left(\dfrac{180°}{M}\right) - \left(R_{in} + \dfrac{h}{2}\right)\cos\left(\dfrac{360°}{M}\right) \end{cases}$$

同理，根据图 3-36 所示的位置关系，可得内部单胞 C 的编织角度计算公式：

$$\begin{cases} \gamma_5 = \arccos\left\{ \dfrac{\dfrac{h}{4}}{\sqrt{\left[\left(R_{in} + \dfrac{3h}{4}\right)\sin\left(\dfrac{180°}{M}\right) - R_{out}\right]^2 + \left(\dfrac{w_h}{2}\right)^2 + \left[\left(R_{in} + \dfrac{3h}{4}\right)\cos\left(\dfrac{180°}{M}\right) - R_{out}\right]^2}} \right\} \\ \gamma_6 = \arccos\left\{ \dfrac{\dfrac{h}{4}}{\sqrt{\left[\left(R_{in} + \dfrac{h}{4}\right)\sin\left(\dfrac{180°}{M}\right)\right]^2 + \left(\dfrac{w_h}{2}\right)^2 + \left[\left(R_{in} + \dfrac{h}{2}\right) - \left(R_{in} + \dfrac{h}{4}\right)\cos\left(\dfrac{180°}{M}\right)\right]^2}} \right\} \end{cases}$$

$$(3\text{-}69)$$

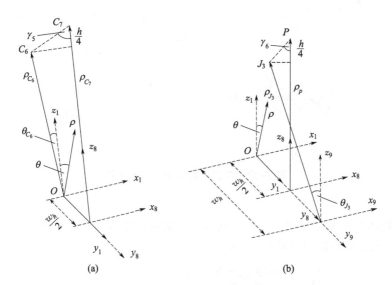

图 3-36　内部单胞 C 编织角度计算

同理，根据图 3-37 所示的位置关系，可得内部单胞 D 的编织角度计算公式：

$$\begin{cases} \gamma_7 = \arccos\left\{ \cfrac{\cfrac{h}{4}}{\sqrt{\left[\left(R_{in}+\cfrac{3h}{4}\right)\sin\left(\cfrac{180°}{M}\right)\right]^2 + \left(\cfrac{w_h}{2}\right)^2 + \left[R_{in}+\cfrac{h}{2}-\left(R_{in}+\cfrac{3h}{4}\right)\cos\left(\cfrac{180°}{M}\right)\right]^2}} \right\} \\[6ex] \gamma_8 = \arccos\left\{ \cfrac{\cfrac{h}{4}}{\sqrt{\left[\left(R_{in}+\cfrac{h}{4}\right)\sin\left(\cfrac{180°}{M}\right)\right]^2 + \left(\cfrac{w_h}{2}\right)^2 + \left[\left(R_{in}+\cfrac{h}{4}\right)\cos\left(\cfrac{180°}{M}\right)-R_{in}\right]^2}} \right\} \end{cases}$$

$$(3-70)$$

根据式（3-67）～式(3-70)，结合图 3-34～图 3-37 发现，四种内部单胞编织角度之间存在关系：$\gamma_1 = \gamma_7 > \gamma_2 = \gamma_8$，$\gamma_3 = \gamma_5 > \gamma_4 = \gamma_6$，即四种内部单胞编织角由内而外逐步升高，即在四种内部单胞中存在四种不同大小的编织角。

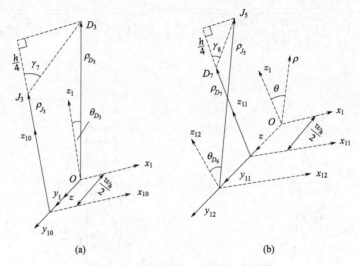

(a)   (b)

图 3-37　内部单胞 D 编织角度计算

根据内部单胞编织角，可以得到内部单胞的总体积 V_{in}^1、内部单胞中纤维的体积 V_1 和纤维的体积含量 V_{in} 计算公式：

$$\begin{cases} V_{in}^1 = \cfrac{4\pi(R_{out}^2 - R_{in}^2)w_h}{M+N} \\[2ex] V_1 = \cfrac{S_1 h}{\cos\alpha_1} + \cfrac{S_1 h}{\cos\alpha_2} + \cfrac{S_1 h}{\cos\alpha_3} + \cfrac{S_1 h}{\cos\alpha_4} + 4S_2 h \\[2ex] V_{in} = \cfrac{V_1}{V_{in}^1} \end{cases}$$

$$(3-71)$$

式（3-71）中，S_1 为编织纱纤维束的截面积；S_2 为轴纱的截面积。

(2) 上表面单胞参数化计算

根据图 3-38（a）所示位置关系，可得到上表面单胞编织角度计算公式：

$$\gamma_{\text{top}} = \arccos\left\{\frac{\dfrac{h}{4}}{\sqrt{\xi^2 + \left(\dfrac{w_h}{2}\right)^2 + \left[\left(R_{\text{in}} + \dfrac{h}{4}\right)\cos\left(\dfrac{360°}{M}\right) - \left(R_{\text{in}} + \dfrac{3h}{4}\right)\cos\left(\dfrac{180°}{M}\right)\right]^2}}\right\}$$

(3-72)

式（3-72）中，$\xi_{\text{top}} = \left(R_{\text{in}} + \dfrac{h}{4}\right)\sin\left(\dfrac{360°}{M}\right) - \left(R_{\text{in}} + \dfrac{3h}{4}\right)\sin\left(\dfrac{180°}{M}\right)$。

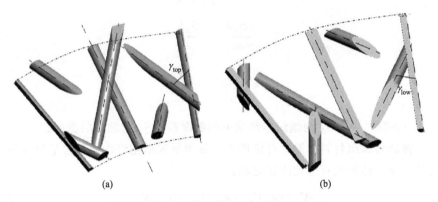

(a)   (b)

图 3-38 上表面和下表面单胞位置关系图

根据上表面单胞编织角，可以得到上表面单胞的总体积 V^2_{top}、上表面单胞中纤维的体积 V_2 和纤维的体积含量 V_{top} 计算公式：

$$\begin{cases} V^2_{\text{top}} = \dfrac{2\pi(R^2_{\text{out}} - R^2_{\text{in}})w_h}{M+N} \\ V_2 = \dfrac{S_1 h}{\cos\alpha_{\text{top}}} + \dfrac{S_2 h}{2} \\ V_{\text{top}} = \dfrac{V_2}{V^2_{\text{top}}} \end{cases}$$

(3-73)

式（3-73）中，S_1 为编织纱纤维束的截面积；S_2 为轴纱的截面积。

(3) 下表面单胞参数化计算

根据图 3-38(b) 所示位置关系，可得到下表面单胞编织角度计算公式：

$$\gamma_{\text{low}} = \arccos\left\{\frac{\dfrac{h}{4}}{\sqrt{\xi^2 + \left(\dfrac{w_h}{2}\right)^2 + \left[\left(R_{\text{in}} + \dfrac{3h}{4}\right)\cos\left(\dfrac{360^\circ}{M}\right) - \left(R_{\text{in}} + \dfrac{h}{4}\right)\cos\left(\dfrac{180^\circ}{M}\right)\right]^2}}\right\}$$

$$(3\text{-}74)$$

式（3-74）中，$\xi_{\text{low}} = \left(R_{\text{in}} + \dfrac{3h}{4}\right)\sin\left(\dfrac{360^\circ}{M}\right) - \left(R_{\text{in}} + \dfrac{h}{4}\right)\sin\left(\dfrac{180^\circ}{M}\right)$。

根据下表面单胞编织角，可以得到下表面单胞的总体积 V_{low}^3、下表面单胞中纤维的体积 V_3 和纤维的体积含量 V_{low} 计算公式：

$$\begin{cases} V_{\text{low}}^3 = \dfrac{2\pi(R_{\text{out}}^2 - R_{\text{in}}^2)w_h}{M+N} \\[3mm] V_3 = \dfrac{S_1 h}{\cos\alpha_{\text{low}}} + \dfrac{S_2 h}{2} \\[3mm] V_{\text{low}} = \dfrac{V_3}{V_{\text{low}}^3} \end{cases} \tag{3-75}$$

式（3-75）中，S_1 为编织纱纤维束的截面积；S_2 为轴纱的截面积。

三维圆形编织材料单胞总纤维体积含量为每种单胞纤维体积含量与每种单胞所占整个单胞体积的百分比乘积之和：

$$V_f = \kappa_{\text{in}}V_{\text{in}} + \kappa_{\text{top}}V_{\text{top}} + \kappa_{\text{low}}V_{\text{low}} \tag{3-76}$$

式（3-76）中，κ_{in}、κ_{top} 和 κ_{low} 分别为内部、上表面和下表面单胞所占整个单胞体积的百分比；V_{in}、V_{top} 和 V_{low} 为内部、上表面和下表面纤维的体积含量。

编织纱采用 T300 碳纤维，基体采用 TDE-86 环氧树脂，则三维圆形编织材料单胞的质量计算公式如下：

$$m = (V_1 + V_2 + V_3)\rho_1 + (V_{\text{in}}^1 + V_{\text{out}}^2 + V_{\text{low}}^3 - V_1 - V_2 - V_3)\rho_2 \tag{3-77}$$

式（3-77）中，m 为三维圆形编织材料单胞的质量；ρ_1 为碳纤维密度；ρ_2 为基体密度。

3.3.3 编织复合材料单胞物理特性参数化分析

三维五向圆形横向编织复合材料单胞的质量 m 和花节长度 h 的关系如图 3-39 所示，图中参数取值见表 3-4。

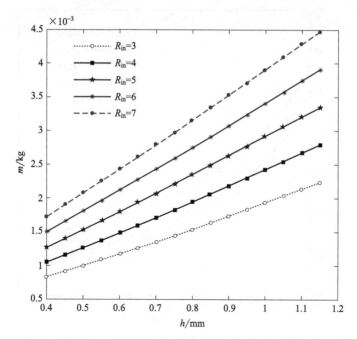

图 3-39 单胞的质量 m、花节长度 h 和单胞内径 R_{in} 关系曲线

由图 3-39 可知，随着花节长度 h 和单胞内径 R_{in} 的增大，单胞的质量 m 正比例增加，这主要是由于花节长度 h 和单胞内径 R_{in} 增大，使单胞分别在直径方向和圆周方向的尺寸增大，从而导致单胞体积增大，单胞质量随之增大。

□ **表 3-4　编织参数**

编织参数	取值
径向纱线数	$M=40$
轴纱线数	$N=40$
单胞层高	$w_h=0.4\text{mm}$
碳纤维密度	$\rho_1=1.8\text{kg/mm}^3$
基体密度	$\rho_2=0.9\text{kg/mm}^3$

三维圆形编织材料单胞总纤维体积含量 V_f 和花节长度 h 的关系如图 3-40 所示，图中参数取值见表 3-4。由图 3-40 可知，随着花节长度 h 和单胞内径 R_{in} 的增大，单胞总纤维体积含量 V_f 降低，这主要是由于花节长度 h 和单胞内径 R_{in} 增大，使单胞分别在直径方向和圆周方向的尺寸增大，编织纤维之间的空隙增大、编织纤维之间的空隙被基体填充，导致单胞总纤维体积含量 V_f 降低。

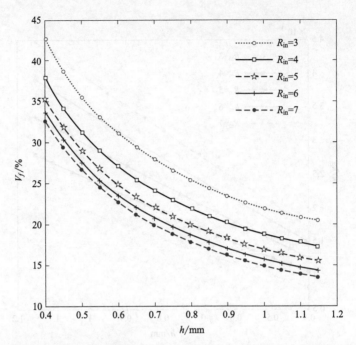

图 3-40 纤维体积含量 V_f、花节长度 h 和单胞内径 R_{in} 关系曲线

三维圆形编织材料单胞的质量 m、花节长度 h、径向纱线数 M 和轴纱线数 N 关系如图 3-41 所示,图中单胞内径 $R_{in}=5\text{mm}$。

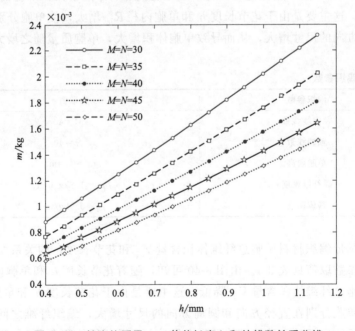

图 3-41 单胞的质量 m、花节长度 h 和纱线数关系曲线

由图 3-41 可知，随着花节长度 h 的增大，单胞的质量 m 正比例增加。随着径向纱线数 M 和轴纱线数 N 的增大，单胞的质量 m 正比例减小，这主要是由于径向纱线数 M 和轴纱线数 N 增大，单胞所在扇形区域角度减小，导致单胞在圆周方向的尺寸变小，单胞体积变小，导致单胞的质量 m 变小。

三维圆形编织材料纤维体积含量 V_f、花节长度 h、径向纱线数 M 和轴纱线数 N 关系如图 3-42 所示，图中单胞内径 $R_{in}=5mm$。由图 3-42 可知，随着花节长度 h 的增大，单胞总纤维体积含量 V_f 降低，随着径向纱线数 M 和轴纱线数 N 的增大，单胞总纤维体积含量 V_f 增大，这主要是由于径向纱线数 M 和轴纱线数 N 增大，单胞所在扇形区域角度减小，编织纤维之间空隙减小，因此单胞总纤维体积含量 V_f 增大。

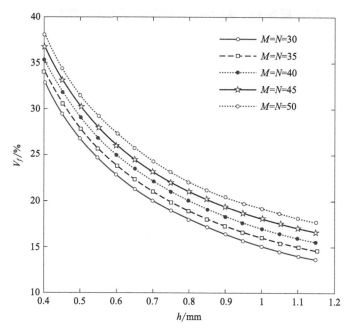

图 3-42 纤维体积含量 V_f、花节长度 h 和纱线数关系曲线

三维圆形编织材料编织角度 γ 和花节长度 h 关系如图 3-43 所示，图中单胞内径 $R_{in}=5mm$，单胞层高 $w_h=0.4mm$，径向纱线数 $M=50$，轴纱线数 $N=50$。由图可知，四种内部单胞编织角比较接近，满足 $\gamma_3>\gamma_1>\gamma_4>\gamma_2$，随着花节长度 h 的增大，各单胞编织角度均减小，且四种内部单胞编织角减小趋势最大。上、下表面单胞编织角随着花节长度 h 的增大，减小趋势较小，即 $\gamma_{top}\approx\gamma_{low}$。

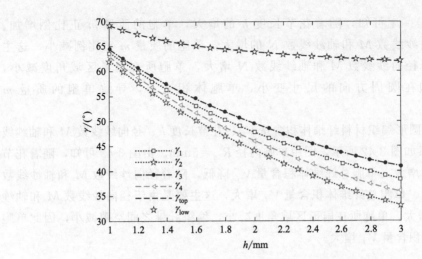

图 3-43 编织角度 γ 和花节长度 h 关系曲线

参考文献

[1] Li W, Hammad M, El-Shiekh A. Structural analysis of 3-D braided preforms for composites part I: the four - step preforms[J]. Journal of the Textile Institute, 1990, 81 (4): 491-514.

[2] 肖来元, 寇晓菲, 左惟伟. 三维编织复合材料编织工艺过程仿真研究[J]. 计算机工程与科学, 2014, 36 (04): 719-724.

[3] 陈利, 李嘉禄, 李学明. 三维编织中纱线的运动规律分析[J]. 复合材料学报, 2002, 19 (2): 71-74.

[4] 张典堂. 三维五向编织复合材料全场力学响应特性及细观损伤分析[D]. 天津工业大学, 2016.

[5] Li J, Chen L, Zhang Y, et al. Microstructure and finite element analysis of 3D five - directional braided composites [J]. Journal of Reinforced Plastics and Composites, 2012, 31 (2): 107-115.

[6] Zhang D, Chen L, Sun Y, et al. Meso-scale progressive damage of 3D five-directional braided composites under transverse compression [J]. Journal of Composite Materials, 2016, 50 (24): 3345-3361.

[7] 张超. 三维多向编织复合材料宏细观力学性能及高速冲击损伤研究[D]. 南京: 南京航空航天大学, 2013.

[8] 陈智. 2.5D 机织复合材料多尺度性能研究. 南京: 南京航空航天大学, 2009.

[9] 邱睿, 温卫东, 崔海涛. 基于细观结构的 2.5 维机织复合材料强度预测模型[J]. 复合材料学报, 2014.

[10] 郑君, 温卫东, 崔海涛, 等. 2.5 维机织结构复合材料的几何模型[J]. 复合材料学报, 2008, 025 (002): 143-148.

第 **4** 章
三维编织碳纤维复合材料参数化
设计系统开发

三维编织复合材料的力学性能与其结构参数密切相关，其具备良好的结构设计性。为缩短工艺参数设计周期，充分利用编织复合材料的结构可设计性，加速编织复合材料设计应用，本章以三维五向编织复合材料为例，基于 SolidWorks 2018 开发平台，使用 SolidWorks API 作为接口函数，采用 VB. NET 作为编程语言实现复合材料单胞几何模型的参数化建模，完成了三维五向编织复合材料参数化设计系统的开发，系统化构建了编织工艺参数与复合材料结构的联系。

4.1 系统开发流程

4.1.1 工作环境搭建

SolidWorks 是基于 Windows 环境下实现的全参数化三维设计软件，可以基于特征进行参数化实体建模设计，创建完全关联的三维实体模型。尽管 SolidWorks 具有许多优点，不过它毕竟是针对整个机械制造行业的通用设计软件，而不是针对某一行业与企业的，不可能满足所有用户在各个方面的具体需求，这就需要企业及用户根据自身需求，对 SolidWorks 软件进行二次开发，完成产品的参数化设计系统开发，建立企业特色的 CAD 系统。为方便软件在某些特色功能方面的延伸，SolidWorks 为用户提供了应用程序接口 API(Application Programming Interface)，用户可以使用支持 COM(Component Object Model) 或 OLE(Object Linking and Embedding) 的程序语言如 VBA(Excel、Access 等)、Visual Basic、C/C++扩展 SolidWorks 的功能。有效的二次开发是发挥软件效能的关键步骤，只有产品实现了参数化设计，才能提高产品的设计速度，最大限度缩短产品研发周期，适应现代市场需求。

基于 SolidWorks 二次开发的方法有两种，一是编程法，二是尺寸驱动法。编程法是将设计过程中的所有关系式都包括在应用程序内，利用程序顺序地执行设计过程。该方法在输入参数后，会完整地执行一次程序。尺寸驱动法是在保持模型结构不变的情况下，将模型的尺寸标注为变量，给予不同的尺寸值，就可获得一系列结构相同但尺寸不同的零件。尺寸驱动法的特点在于不进行模型的完整生成过程，仅在模板模型的基础上通过改变相应尺寸来达到更新模型的目的。

以上两种方法不论用户使用哪种编程语言，都需要编写大量的代码，且熟悉 SolidWorks API 函数，无论对初学者还是对有一定经验的开发者来说，都具有一定的难度。不过，SolidWorks 软件提供了宏录制功能，可以将建模过程的命令及参数转换为符合 Visual Basic 语法的宏操作代码，用户可以利用 VB 语言进行 SolidWorks 二次开发，将宏操作代码复制到主程序部分，对其进行编辑修改调试以达到程序要求。不过需要注意的是，宏录制功能并不是能够将所有的建模过程都录制下来，对于被遗漏部分需要用户利用 SolidWorks API 函数自行编写代码。

在进行 VB. NET 与 SolidWorks 链接时，需要完成两部分工作：先对应用环境进行配置，在 VS 软件的项目菜单中引用 SolidWorks 库文件：SldWorks 2018 Type Library、SOLIDWORKS 2018 Commands type librar；第二是使用 VS 软件，编写 VB. NET 程序语言，创建三维零件模型应用对象，实现 VB. NET 语言与 SolidWorks2018 的链接功能，并且调用其中的 API 函数。编程语言为：

```
Dim SwApp As SldWorks.SldWorks
SwApp=CreateObject("Sldworks.application")
SwApp.Visible=True
```

4.1.2　人机交互界面设计

在 Windows 应用窗体中，使用 TextBox、Button、PictureBox 等控件完成复合材料参数化设计系统的交互界面，主要包含编织参数选取、内胞模型参数计算、内胞（纱线、基体、纱线和基体）实体模型创建及实体模型文件保存四个模块，如图 4-1 所示。

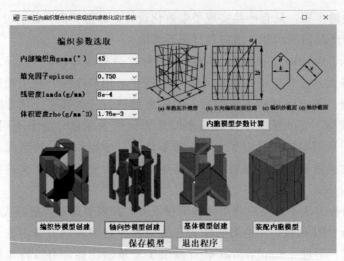

图 4-1 三维五向编织复合材料参数化设计系统界面

4.1.3 具体程序设计

在完成系统界面设计后，需要进行模型构建的程序设计，主要包含内胞模型参数计算、新建零件/装配体、基准面创建、纱线轨迹绘制、纱线截面绘制、纱线实体拉伸/扫描、编织纱实体修剪轴向纱实体、布尔运算差集获得基体、纱线与基体装配及存储模型文件等程序，主要调用了新建零件/装配体、2D 和 3D 草图绘制、基准面创建、镜像、拉伸、压凹、组合、装配和保存模型等 API 函数命令。

4.2 系统设计思路

4.2.1 模型参数计算

图 4-2 给出了复合材料细观结构参数化设计系统的程序设计流程。

首先，根据系统界面输入的纱线密度、填充因子和编织角等参数，结合建立的编织参数与单胞模型参数间的数学关系进行编程，计算得到单胞模型参数。

随后，打开 SolidWorks 软件，新建零件，进行编织纱轨迹的绘制，编织纱轨迹利用 3D 草图命令、通过两端点坐标连线的方式进行绘制。给出编织纱轨迹端点的初始坐标和延伸后坐标见表 4-1。

图 4-2　程序设计流程

⊡ **表 4-1　编织纱线轨迹端点坐标**

纱线 编号	初始坐标		延伸后坐标	
	端点 1	端点 2	端点 1	端点 2
1	$(W/4,h,W/2)$	$(0,3h/4,3W/4)$	$(W/2,5h/4,W/4)$	$(-W/4,h/2,W)$
2	$(W/4,h,W)$	$(W,h/4,W/4)$	$(0,5h/4,5W/4)$	$(5W/4,0,0)$
3	$(3W/4,h,W/2)$	$(W/4,h/2,0)$	$(W,5h/4,3W/4)$	$(0,h/4,-W/4)$
4	$(3W/4,h,0)$	$(W,3h/4,W/4)$	$(W/2,5h/4,-W/4)$	$(5W/4,h/2,W/2)$
5	$(3W/4,h,W)$	$(W,3h/4,5W/4)$	$(W/2,5h/4,3W/4)$	$(W,3h/4,5W/4)$
6	$(W/4,h,0)$	$(W,h/4,-3W/4)$	$(0,5h/4,W/4)$	$(W,h/4,-3W/4)$
7	$(W,3h/4,3W/4)$	$(3W/4,h/2,0)$	$(5W/4,h,W/2)$	$(W/2,h/4,5W/4)$
8	$(0,3h/4,W/4)$	$(3W/4,0,W)$	$(-W/4,h,0)$	$(W,-h/4,5W/4)$
9	$(W/4,h/2,W)$	$(0,h/4,3W/4)$	$(W/2,3h/4,5W/4)$	$(-W/4,0,W/2)$
10	$(3W/4,h/2,0)$	$(W/4,0,W/2)$	$(W,3h/4,-W/4)$	$(0,-h/4,3W/4)$
11	$(0,h/4,W/4)$	$(W/4,0,0)$	$(-W/4,h/2,W/2)$	$(W/2,-h/4,-W/4)$
12	$(W,h/4,3W/4)$	$(3W/4,0,W/2)$	$(5W/4,h/2,W)$	$(W/2,-h/4,W/4)$
13	$(0,h/4,5W/4)$	$(W/4,0,W)$	$(0,h/4,5W/4)$	$(W/2,-h/4,3W/4)$
14	$(0,3h/4,-3W/4)$	$(3W/4,0,0)$	$(0,3h/4,-3W/4)$	$(W,-h/4,W/4)$

表 4-1 中的所有坐标均基于图 4-3 中的坐标系给出。另外，给出纱线端点延

伸后坐标的原因为，仅用端点的初始坐标进行后续的编织纱实体扫描，无法得到单胞内完整的纱线实体，因此给出了纱线端点向两端延伸后的坐标。

将编织纱线轨迹按照走向进行分类，根据纱线轨迹端点的相对空间位置坐标可分为四类：（左前上，右后下）、（右后上，左前下）、（左后上，右前下）和（右前上，左后下）。其中，（左前上，右后下）和（右后上，左前下）两种走向编织纱的截面对应图 4-4 中的编织纱截面 1，（左后上，右前下）和（右前上，左后下）两种走向编织纱的截面对应图 4-4 中的编织纱截面 2。

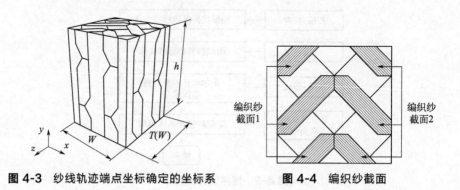

图 4-3　纱线轨迹端点坐标确定的坐标系　　　　图 4-4　编织纱截面

对于编织纱截面的绘制，首先根据编织纱轨迹确定编织纱截面所在的基准面，具体是利用垂直于编织纱轨迹且通过基准面内任意一点的方法实现基准面的创建，其中，基准面内的点可以选择编织纱轨迹两端端点中的任意一点。在所建立的基准面上绘制编织纱截面时，由于截面为轴对称图形，可以通过 1/4 截面绘制和镜像的方法得到完整截面。两种不同方向的编织纱 1/4 截面如图 4-5 所示。

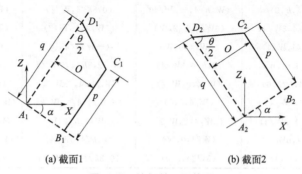

(a) 截面1　　　　　　　　(b) 截面2

图 4-5　编织纱 1/4 截面

已知编织角 α、编织纱截面宽度 k、编织纱截面高度 l 和编织纱顶角 θ，在截面绘制程序设计中引入 o、p、q 三个参数，其中，$o = 0.5 * k$，$q = 0.5 * l$，$p = q - o/\tan(0.5 * \theta)$，根据几何关系给出截面关键节点 A_1、B_1、C_1、D_1、A_2、B_2、C_2、D_2 的坐标，利用关键节点完成编织纱截面的绘制。关键节点坐标见表 4-2。

□ **表 4-2　编织纱截面关键节点坐标**

关键节点	x	z
A_1	0	0
B_1	$o * \cos\alpha$	$-o * \sin\alpha$
C_1	$o * \cos\alpha + p * \sin\alpha$	$p * \cos\alpha - o * \sin\alpha$
D_1	$q * \sin\alpha$	$q * \cos\alpha$
A_2	0	0
B_2	$o * \cos\alpha$	$o * \sin\alpha$
C_2	$o * \cos\alpha - p * \sin\alpha$	$o * \sin\alpha + p * \cos\alpha$
D_2	$-q * \sin\alpha$	$q * \cos\alpha$

轴向纱的轨迹与编织方向一致，即与图 4-3 中坐标系的 y 轴方向平行。采用拉伸实体的方法获得轴向纱实体，拉伸高度为单胞高度 h。对于轴向纱截面的草图绘制，选用上视基准面作为草绘平面即可，由于轴向纱实体之间存在线连接，在 SolidWorks 软件中直接绘制 9 根轴向纱的完整截面无法获得闭环轮廓的草图，因而无法进行实体拉伸；若是仅拉伸单根轴向纱实体，然后利用装配的方法进行所有轴向纱的装配，步骤又过于烦琐。因此，本书将 9 根轴向纱的截面分为两部分分别进行草绘，可以使得每部分的草图截面互不干涉，且均为闭环轮廓，可以很好地解决草图截面无法进行拉伸的问题。图 4-6 给出了某编织参数下轴向纱的截面草图。

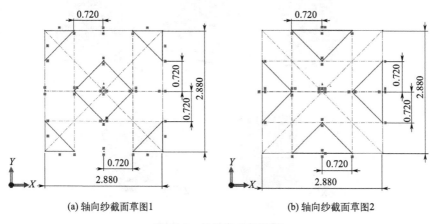

(a) 轴向纱截面草图1　　　　　　　(b) 轴向纱截面草图2

图 4-6　轴向纱截面草图

4.2.2 单胞实体建模

利用扫描和拉伸命令得到编织纱和轴向纱实体。此时，得到的编织纱实体存在单胞模型范围以外的多余部分，需要进行布尔运算修剪，具体是在SolidWorks 软件中使用组合-删减的命令分别对 6 个表面进行修剪。

在使用 VB. NET 语言对 SolidWorks 软件平台进行开发时，组合-删减命令的语句为：Part. FeatureManager. InsertCombineFeature（15902，Nothing，Nothing），其中数字 15902 为 SWBODYCUT（组合-删减）的含义，即为布尔运算修剪，另外还有 15901、15903 分别对应 SWBODYINTERSECT（组合-共同）和 SWBODYADD（组合-添加），实质上是布尔运算求交集和布尔运算求联集的含义。

图 4-7 给出了利用 6 个单胞外表面对初始编织纱实体进行修剪的过程，其中图 4-7(a) 为未修剪时的编织纱实体模型，图 4-7(b)～(g) 为 6 个外表面对编织纱依次进行修剪所得到的结果，图 4-7(h) 为修剪完成后的编织纱实体模型。

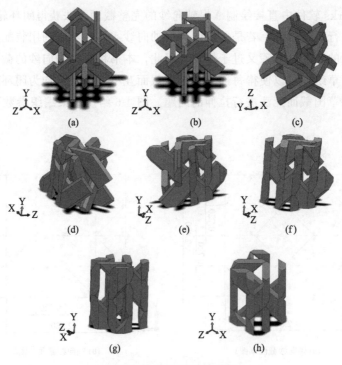

(a)　　　　　(b)　　　　　(c)

(d)　　　　　(e)　　　　　(f)

(g)　　　　　(h)

图 4-7 编织纱修剪过程

在获得编织纱和轴向纱实体后，基于内胞中编织纱和轴向纱之间的变形均体现在轴向纱上的假设，在 SolidWorks 软件中采用压凹命令对轴向纱进行修剪。在对轴向纱进行压凹时，首先需要清楚 9 根轴向纱与 14 根编织纱之间的相交关系，为了方便说明，对所有编织纱和轴向纱根据其相对空间位置进行了编号，如图 4-8 所示。

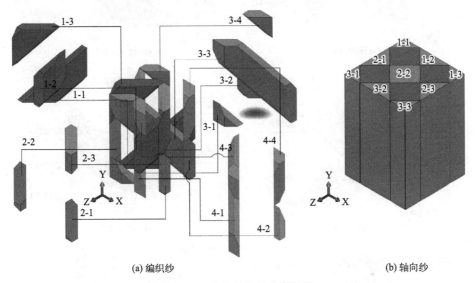

(a) 编织纱   (b) 轴向纱

图 4-8 编织纱和轴向纱编号

轴向纱与编织纱的相交关系十分复杂，每根轴向纱至少与 4 根编织纱相交，这造就了对轴向纱进行压凹时的复杂情况。为了方便说明，表 4-3 和图 4-9 给出了两者的相交关系。

◻ **表 4-3　轴向纱与编织纱的相交关系**

轴向纱编号	相交编织纱数量	相交编织纱编号
1-1	4	3-4,2-3,3-2,4-1
1-2	6	1-1,2-3,3-2,3-4,4-2,4-4
1-3	4	1-1,3-3,4-2,4-4
2-1	5	1-1,1-3,2-2,3-2,4-1
2-2	6	1-1,1-3,2-1,2-3,3-3,4-1
2-3	5	2-3,1-2,4-4,2-1,3-3
3-1	4	1-3,2-2,3-1,3-3
3-2	6	1-2,2-2,3-1,3-3,4-1,4-3
3-3	4	1-2,2-1,4-1,4-3

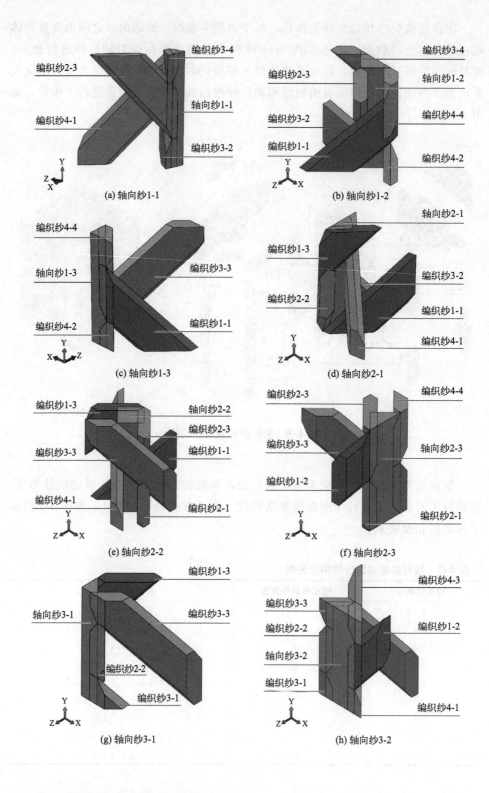

(a) 轴向纱1-1

(b) 轴向纱1-2

(c) 轴向纱1-3

(d) 轴向纱2-1

(e) 轴向纱2-2

(f) 轴向纱2-3

(g) 轴向纱3-1

(h) 轴向纱3-2

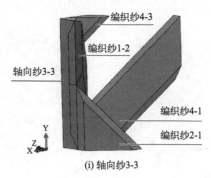

(i) 轴向纱3-3

图 4-9 轴向纱与编织纱的相交关系

在明晰编织纱与轴向纱的相交关系后，便可对轴向纱进行压凹。压凹时，轴向纱和编织纱分别通过实体选择和点面选择的方式进行选取，压凹完成即可得到修剪后的轴向纱实体模型。此时，已经得到了体现编织纱与轴向纱间相互作用的纱线实体模型，如图 4-10 所示。随后，进行纱线实体模型的保存备份，用于最后与基体模型的装配。

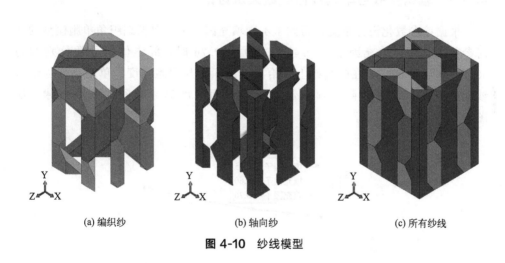

(a) 编织纱 (b) 轴向纱 (c) 所有纱线

图 4-10 纱线模型

在此基础上，进行基体模型的创建，首先按照单胞尺寸创建相应的六面体模型，随后利用纱线模型对该六面体进行布尔运算修剪，选用压凹命令即可实现。最后，新建装配体进行纱线模型和基体模型的装配，即可得到完整的单胞模型，至此完成了三维五向编织复合材料细观单胞实体模型的参数化设计系统开发，得到的基体和单胞实体模型如图 4-11 所示。

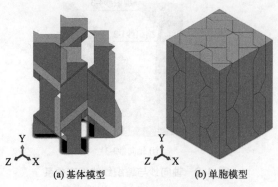

(a) 基体模型   (b) 单胞模型

图 4-11 基体和单胞模型

4.3 参数化设计系统应用

4.3.1 编织参数与单胞几何参数关系讨论

根据该参数化设计系统，得到了不同填充因子下、典型编织角单胞模型的几何参数，其中，填充因子为 0.45、0.60 和 0.76 时，纤维体积分数分别约为 30%、40% 和 50%。在此基础上，给出了编织角与内胞长度、单胞高度、编织纱截面宽度、编织纱截面顶角和编织纱截面长度等参数间的关联规律，如图 4-12～图 4-16 所示。

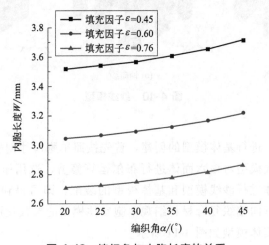

图 4-12 编织角与内胞长度的关系

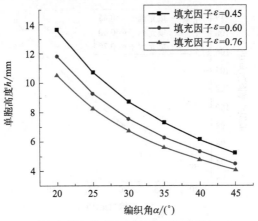

图 4-13 编织角与单胞高度的关系

由图 4-12 和图 4-13 可知，内胞长度随编织角的增大而增大，增大幅度逐渐加快，但趋势不明显；单胞高度随编织角的增大而减小，减小趋势逐渐减缓；此外，填充因子增大导致内胞长度减小，但内胞长度与填充因子之间并非线性关系，随着填充因子的增大，内胞长度的减小趋势逐渐减缓；单胞高度与填充因子的关系与内胞长度一致。

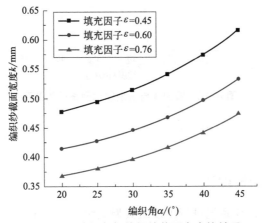

图 4-14 编织角与编织纱截面宽度的关系

由图 4-14～图 4-16 可知，编织角增大导致编织纱截面宽度和编织纱截面顶角角度增大，且增大趋势逐渐加快，而编织纱截面长度随编织角增大逐渐减小，且减小的趋势逐渐加快；另外，编织纱截面宽度和编织纱长度随填充因子的增大而减小，且减小趋势逐渐减缓，而编织纱截面顶角与填充因子无关。

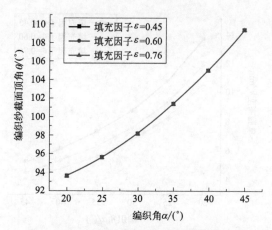

图 4-15 编织角与编织纱截面顶角的关系

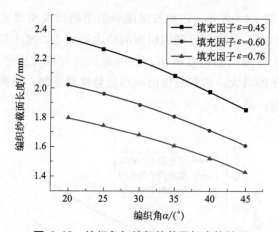

图 4-16 编织角与编织纱截面长度的关系

4.3.2 单胞几何模型实例

利用该参数化设计系统进行了多组典型编织角、纤维体积分数三维五向复合材料单胞模型的创建,如图 4-17 所示。

本章借助 SolidWorks 和 Visual Studio 平台、利用 VB. NET 语言,以三维五向矩形编织为例,对碳纤维复合材料的细观结构实现了参数化建模,完成了细观结构参数化设计系统的开发。得到以下结论:

① 对于该参数化设计系统,输入工艺参数,便可快捷高效地建立准确的材料细观单胞实体模型,实现了编织角、纱线密度、纤维体积分数的参数化。

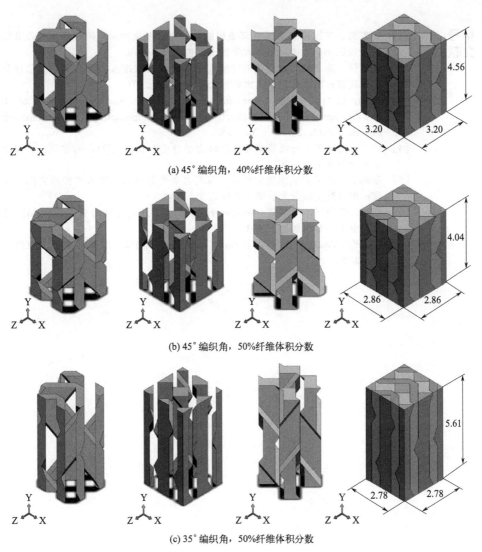

(a) 45°编织角，40%纤维体积分数

(b) 45°编织角，50%纤维体积分数

(c) 35°编织角，50%纤维体积分数

图 4-17 典型编织参数的内胞实体模型

② 得到了编织角、纤维体积分数与单胞几何参数间的关联规律。

③ 该参数化设计系统为后续基于单胞模型的有限元法预测三维编织复合材料的力学性能奠定了基础。

参考文献

[1] 高兴忠.三维编织碳纤维/环氧树脂复合材料多次冲击压缩破坏机理及其编织角效应[D].上海：东华大学博士学位论文，2019.

[2] 董纪伟.基于均匀化理论的三维编织复合材料宏细观力学性能的数值模拟[D].南京：南京航空航天大学博士学位论文，2007.

[3] Zhang C. Application of three unit-cells models on mechanical analysis of 3D five-directional and full five-directional braided composites[J]. Applied Composite Materials. 2013，20（5）：803-825.

[4] 梁军，方国东.三维编织复合材料力学性能分析方法[M].哈尔滨：哈尔滨工业大学出版社，2014.

[5] 张超.三维多向编织复合材料宏细观力学性能及高速冲击损伤研究[D].南京：南京航空航天大学博士学位论文，2013.

[6] 江洪，李仲兴，邢启恩.Solidworks 2003二次开发基础与实例教程[M].北京：电子工业出版社，2003.

[7] 郑阿奇.Visual C++实用教程：Visual Studio版[M].北京：电子工业出版社，2020.

第 **5** 章
Abaqus软件介绍

5.1 Abaqus 软件概述

Abaqus 是一款常用的非线性有限元分析商业软件，其功能十分强大，在处理接触碰撞、复合材料仿真、焊接仿真、薄板成形、体积成形、复杂载荷、联合仿真、参数优化、非参数优化、流固耦合以及热力耦合等问题上具有强大的处理能力。

5.2 Abaqus 软件基本模块

在 Abaqus 软件中主要有隐式求解器（Abaqus/Standard）和显式求解器（Abaqus/Explicit）两种求解器模块，隐式求解器主要用于求解静态和准静态问题，计算速度快，资源占有率小，缺点是存在模型不收敛的问题，特别是在处理接触碰撞和大变形问题时极其容易出现模型不收敛的情况。显示求解器模块主要用于处理瞬态过程，适用于瞬时的冲击、碰撞和复杂的受力状态下的大变形情况，在处理此类问题时因其存在不收敛的问题故而在大变形甚至涉及部件损伤的情况下仍可以进行计算仿真而被广泛应用。在 Abaqus 软件中还提供了两种求解器之间的接口，在分别利用显示求解器和隐式求解器进行计算后的结果可以通过软件自带的接口进行数据交换，这为一些瞬态问题与静态和准静态问题之间的联合仿真提供了解决方案。对于本书的研究对象——复合材料身管，其受力状态极其复杂，在火炮发射过程中，火药在极短时间内燃烧，火炮身管内膛在几毫秒内产生很高的压力并瞬间释放。对于这种瞬时、加载复杂、高应力应变的非线性问题，Abaqus 软件的显示求解模块提供了解决方案。

Abaqus 软件的前后处理和界面采用 Python 语言编辑，用户可以通过 Python 脚本对其进行参数化处理，软件提供了可视化接口 RSG 和 GUI，用户还可以通过自己编写程序与软件进行交互。这为用户解决参数化建模与批量处理的问题上提供了解决方案。

一个完整的 Abaqus/Standard 或 Abaqus/Explicit 分析过程通常由三个明确的步骤组成：前处理、求解设置和后处理，这些都可以通过其图形界面处理器 CAE 模块集成在一起来完成，这些功能又通过不同的模块来完成，分别为：

① Part 模块：用于创建模型的性状或从外部导入模型的部件。

② Property 模块：用于设置各个部分的各种属性，包括各部分的材料性质，部件的截面几何特性等。Abaqus 有很丰富的材料库，用户不但可以从中选择所需的材料，输入参数直接使用，也可以自己定义 Abaqus 中没有的特殊材料。

③ Assembly 模块：用 Part 模块建立了模型的各个部分之后，用此模块进行模型组装，放在一个统一的坐标之中。

④ Step 模块：定义分析类别和步骤，以及要输出的变量。

⑤ Interaction 模块：用于模拟模型中各个部分之间以及部件与环境之间的关系，只用于接触分析。

⑥ Load 模块：在此模块中给模型施加荷载、边界条件以及模型周围的一些场条件。

⑦ Mesh 模块：用于划分网格，选择单元的类型，也可以用用户自己定义的一些单元。

⑧ Job 模块：为分析模块，对模型进行分析并监控整个过程。

⑨ Visualization 模块：用于显示计算结果，有等值线图、模型的受力、变形的动画等，是 Abaqus 的后处理程序。

⑩ Sketch 模块：用于建立模型各部件草图的辅助工具，可以定义用户自己需要的各种二维图形。

5.2.1 Abaqus 建模前处理

(1) 分析问题定义

在进行有限元分析之前，首先应对结果的形状、尺寸、工况条件等进行仔细分析，只有正确掌握了分析结构的具体特征才能建立合理的几何模型。总的来说，要定义一个有限元分析问题时，应明确以下几点：结构类型；分析类型；分析内容；计算精度要求；模型规模；计算数据的大致规律。

（2）几何模型建立

建立有限元模型是整个有限元分析过程的关键。首先，有限元模型为计算提供所有原始数据，这些输入数据的误差将直接决定计算结果的精度；其次，有限元模型的形式将对计算过程产生很大的影响，合理的模型既能保证计算结构的精度，又不致使计算量太大和对计算机存储容量的要求太高；再次，由于结构形状和工况条件的复杂性，要建立一个符合实际的有限元模型并非易事，它要考虑的综合因素很多，对分析人员提出了较高的要求；最后，建模所花费的时间在整个分析过程中占有相当大的比重，约占整个分析时间的 70%，因此，把主要精力放在模型的建立上以及提高建模速度是缩短整个分析周期的关键。

然后生成一个 Abaqus 输入文件，通常采用 Abaqus/CAE 或其他前处理程序，以图形的方式生成模型。几何模型是从结构实际形状中抽象出来的，并不是完全照搬结构的实际形状，而是需要根据结构的具体特征对结构进行必要的简化、变化和处理，以适应有限元分析的特点。

（3）划分网格

① 常用单元的选用原则 划分网格前首先要确定采用哪种类型的单元，包括单元的形状和阶次。单元类型选择应根据结构的类型、形状特征、应力和变形特点、精度要求和硬件条件等因素综合进行考虑。

有限元网格划分中单元类型的选用对于分析精度有着重要的影响，工程中常把平面应变单元用于模拟厚结构，平面应力单元用于模拟薄结构，膜壳单元用于包含自由空间曲面的薄壁结构。对块体和四边形，可以选择全积分或缩减积分，对线性六面体和四边形单元，可以采用非协调模式。由于三角形单元的刚度比四边形单元略大，因此相对三节点三角形单元，优先选择四边形四节点单元。如果网格质量较高且不发生变形，可使用一阶假定应变四边形或六面体单元，六面体单元优先四面体单元和五面体楔形单元。十节点四面体单元与八节点六面体单元具有相同的精度。网格较粗的情况下使用二阶缩减积分四边形或四面体单元，对于橡胶类体积不可压缩材料使用 Herrmann 单元，避免体积自锁。在完全积分单元中，当二阶单元被用于处理不可压缩材料时，对体积自锁非常敏感，因此应避免模拟塑性材料，如果使用应选用 Herrmann 单元。一阶单元被定义为恒定体积应变时，不存在体积自锁。在缩减积分单元中，积分点少，不可压缩约束过度，约束现象减轻，二阶单元在应变大于 20%～40% 时应小心使用，一阶单元可用于大多数应用场合并具有自动沙漏控制功能。

② 网格划分 网格划分是建立有限元模型的中心工作，模型的合理性很大程度上可以通过所划分的网格形式反映出来。目前广泛采用自动或半自动网格划

分方法，如在 Ansys 中采用的 SmartSize 网格划分方法就是自动划分方法。有限元网格划分是进行有限元数值模拟分析至关重要的一步，它直接影响着后续数值计算分析结果的精确性。网格划分涉及单元的形状及其拓扑类型、单元类型、网格生成器的选择、网格的密度、单元的编号以及几何体素。从几何表达上讲，梁和杆是相同的，从物理和数值求解上讲则是有区别的。同理，平面应力和平面应变情况设计的单元求解方程也不相同。在有限元数值求解中，单元的等效节点力、刚度矩阵、质量矩阵等均用数值积分生成，连续体单元以及壳、板、梁单元的面内均采用高斯（Gauss）积分，而壳、板、梁单元的厚度方向采用辛普生（Simpson）积分。辛普生积分点的间隔是一定的，沿厚度分成奇数积分点。由于不同单元的刚度矩阵不同，采用数值积分的求解方式不同，因此实际应用中，一定要采用合理的单元来模拟求解。

③ 模型检查和处理　一般来说，用自动或半自动网格划分方法划分出来的网格模型还不能立即应用于分析。由于结构和网格生成过程的复杂性，划分出来的网格或多或少存在一些问题，如网格形状较差，单元和节点编号顺序不合理等，这些都将影响有限元计算的计算精度和计算时间，网格数量又称绝对网格密度，它通过网格尺寸来控制。

在有限元分析中，网格数量的多少主要影响以下两个因素：

a. 计算精度　网格数量增加，计算精度一般会随之提高。这是因为：网格边界能够更好地逼近结构实际的曲线或曲面边界；单元位移函数能够更好地逼近结构实际位移分布；在应力梯度较大的部位，能够更好地反映应力值的变化。但是也需要提醒的是：网格数量太多时，计算的累积误差反而会降低计算精度。

b. 计算规模　网格数量增加，将主要增加以下几个方面的时间：单元形成时间；求解方程时间；网格划分时间。

④ 网格疏密　网格疏密是指结构不同部位采用不同大小的网格，又称相对网格密度，它通过在不同位置设置不同的网格尺寸来控制。在实际结构中应力场很少有均匀变化的，绝大多数结构或多或少地存在不同程度的应力集中。为了反映应力场的局部特性和准确计算最大应力值，应力集中区域就应采用较多的网格，而对于其他的非应力集中区域，为了减少网格数量，则采用较稀疏的网格。

⑤ 单元阶次　结构单元都具有低阶和高阶形式，采用高阶单元的目的是提高计算精度，这主要考虑了以下两点：利用高阶单元的曲线或曲面边界更好地逼近结构的边界曲线或曲面；利用高阶单元的高次位移函数更好地逼近结构复杂的位移分布。但是高阶单元具有较多的节点，使用时也应权衡计算精度和模型规模两个因素，处理好单元阶次和节点数量的关系。

⑥ 网格质量　网格质量是指网格几何形状的合理性。网格质量的好坏将影响计算结果的精度，质量太差的网格将中止有限元计算过程。值得注意的是，有

些网格形状是不允许的，它们会导致单元刚度矩阵为零或负值，有限元计算将出现致命错误，这种网格称为畸形网格。

⑦ 单元分类　可以分为：实体单元；壳单元；梁单元；弹簧单元；刚体单元；桁架单元；集中质量单元。也可以分为：一维、二维和三维单元；线性、二次和三次单元；协调单元和非协调单元；传弯单元和非传弯单元；结构单元和非结构单元。

5.2.2　Abaqus 建模求解设定

加载使结构变形和产生应力。大部分加载的形式包括：点载荷/表面载荷/体力，如重力/热载荷。

边界条件是约束模型的某一部分保持固定不变（零位移）或移动规定量的位移（非零位移）。在静态分析中需要足够的边界条件以防止模型在任意方向上的刚体移动；否则，在计算过程中求解器将会发生问题而使模拟过程过早结束。

在对结构进行网格划分后称为离散模型，它还不是有限元模型，只有在网格模型上定义了所需要的各类边界条件后，网格模型才能成为完整的有限元模型。

5.2.3　Abaqus 建模后处理

一旦完成了模拟计算并得到了位移、应力及其他基本变量后，就可以对计算结果进行评估。评估通常可以通过 Abaqus/CAE 的可视化模块或其他后处理软件在图形环境下交互式进行。可视化模块可以将读入的二进制输出数据库中的数据结果以多种方式显示出来，包括彩色等值线图、动画、变形图和 X-Y 曲线图等。

5.2.4　Abaqus 简单实例分析

下面将简单介绍两种 Abaqus 分析实例，帮助读者初步了解 Abaqus 的应用分析流程。

(1) 问题描述

一个悬臂梁固定在墙壁上，其长宽高分别为：$200\text{mm} \times 25\text{mm} \times 20\text{mm}$，上表面所受表面载荷为 0.5MPa，分析悬臂梁的受力情况。

材料特性：弹性模量 $E=210000\mathrm{MPa}$，泊松比 $\mu=0.3$。

(2) 创建部件

在 Abaqus/CAE 中将窗口切换到 Part 模块，在当前模块中可以创建相应的模型实体并定义模型各部分的几何参数。

图 5-1 创建部件窗口

点击左侧工具区的"创建部件（Creat Part）"命令，或在主菜单中选择"部件—创建"，出现如图 5-1 所示窗口，在其中选择创建的模型名称-类型-基本特征等选项，设置创建的部件名称，选用英文名称，其余参数无需修改，点击继续（Continue）。

进入草图绘制环境，如图 5-2 所示，左侧为草图工具板块，在其中可以选择不同形状绘制草图，中间为栅格区，选择左侧的"创建线：矩形（四条线）"命令，窗口左下角为提示区，在视图区中移动鼠标时，鼠标自动对齐栅格，同时左上角会显示鼠标当前位置的坐标，根据提示在其中输入起始点坐标（0,0）或者点击图中 X、Y 轴交叉点，然后点击确定输入终点坐标（200,25），点击确定即可得到长 200、宽 25 的矩形，点击完成，然后会弹出窗口"编辑基本拉伸"，可在其中选择拉伸的长度，输入 20，点击确定，即可得到确定尺寸的一根梁。

对于复杂的模型也可以通过三维建模软件建立实体模型，然后导出为中性格式，再导入到 Abaqus 中。

对于不同软件鼠标操作快捷键不同的用户可通过"工具—选项—视图操作"选择不同软件的操作习惯。

(3) 创建材料和截面属性

将窗口左上角的"模块（Module）"切换到"属性（Property）"功能模块，然后分别按顺序进行"创建材料—创建截面—指派截面"，完成材料属性的赋予。

创建材料（图 5-3）：点击左侧工具栏中的"创建材料（Create Material）"，弹出编辑材料（Edit Material）窗口，输入材料名称，然后选择对话框中的力学（Mechanical）—弹性（Elasticity）—弹性（Elastic），在数据列表中输入材料的弹性模量和泊松比，书中问题为各向同性材料，故其余参数不变，如果为各向异

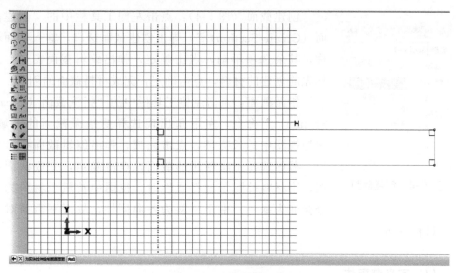

图 5-2　创建草图视图

性材料，在类型中选择各向异性或者工程常数，即可输入不同方向材料的弹性性能。点击确定完成对材料的创建。

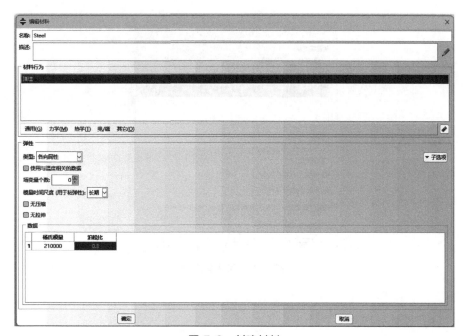

图 5-3　创建材料

图 5-4 创建截面

创建截面（图 5-4）：点击左侧工具栏中的"创建截面（Create Section）"，弹出创建截面窗口，输入截面名称，其余选项不动，点击确定，弹出编辑截面窗口，选择先前创建的材料，点击确定，完成材料截面的创建。

指派截面：点击左侧工具栏中的"指派截面（Create Section）"命令，左下角出现选择要指派截面的区域，选择视图中的长方体，点击完成，弹出编辑截面指派窗口，截面选择先前创建的截面，点击确定，完成截面指派，当材料被赋予材料属性时，视图中被赋予材料的部分会变为绿色。由于材料为各向同性，故而不需要对其指派材料方向。

（4）定义装配体

在左上角的模块选项中将模块切换为装配（Assembly）功能模块，点击左侧工具栏中的"创建实例（Create Instance）"命令，弹出对应的窗口，如图 5-5 所示，窗口中前面在 Part 中创建的各个部件都在其中，整个分析模型为一个装配体，如果有多个部件需全部选中，本例中只有一个部件，点击确定即可。

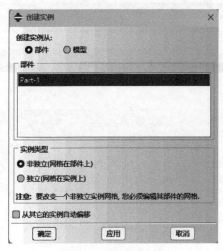

图 5-5 创建装配体

（5）设置分析步

将模块切换到分析步（Step）模块，Abaqus 会自动创建一个分析步（Initial step），初始分析步可以施加边界条件，不能施加载荷，需要重新创建一个分析步用于施加载荷。

点击左侧工具栏中的"创建分析步（Create Step）"命令，在弹出的窗口输入分析步的名称，选择分析步的类型，本书选择默认的"静力，通用（Static General）"，点击继续，弹出编辑分析步窗口，基本信息中，如果研究的为非线性问题，可以将几何非线性打开，增加分析的准确性，增量中如果分析模型复杂，可将初始增量步改小，一般不低于 1e-5，其余选项保持默认，点击确定。

（6）定义边界条件和载荷

在窗口左侧模块选项中切换到载荷（Load）模块，定义边界条件和载荷。

施加载荷：点击左侧工具栏中的创建载荷（Create Load）命令，弹出创建载荷窗口，如图 5-6 所示，输入载荷名称，选择载荷类型，本例中选择表面载荷，点击继续，选择要施加载荷的表面，选择视图中沿 Z 轴正方向的上表面，点击确定，弹出编辑载荷窗口，如图 5-7 所示，将牵引力类型改为通用，点击向量，拾取方向向量的起始点和终点，分别输入坐标（0，0，0）和（0，0，−1），点击确定，完成载荷施加。

图 5-6　创建载荷

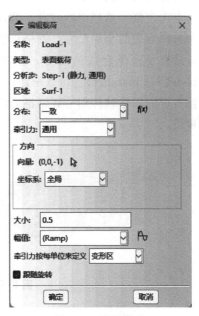

图 5-7　编辑载荷

创建边界条件：点击创建边界条件（Create Boundary Condition）命令，在弹出的创建边界条件窗口中输入名称，选择边界条件类型，本例选择"对称/反对称/完全固定"，点击确定，选择要施加边界条件的区域，选择长方体 YZ 侧边，点击完成，弹出编辑边界条件窗口，选择完全固定，点击确定，完成边界条件的施加。图 5-8 为载荷边界条件视图。

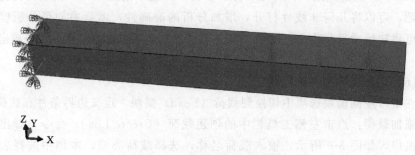

图 5-8　载荷边界条件视图

(7) 划分网格

将模块切换到网格（Mesh）模块，将对象切换到部件。

点击左侧工具栏中的"种子部件"命令，为部件添加全局种子，在弹出的窗口中选择近似的全局尺寸，网格越密，其计算结果越精确，但同时计算量大大增加，故需要选择合适的尺寸，本例选择 3，点击确定。点击"部件划分网格（Mesh Part Instance）"，点击是，即可完成网格的划分。对于复杂装配体建议选择专业的网格软件划分好网格后再导入 Abaqus 中进行计算。图 5-9 为网格划分视图。

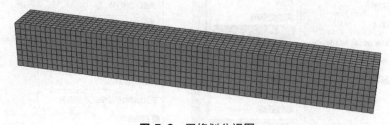

图 5-9　网格划分视图

(8) 提交作业

将模块切换到作业（Job）模块，点击创建作业（Create Job）命令，在弹出窗口中输入作业名称，点击继续，在弹出的编辑作业窗口，各参数保持不变，点击确定。完成作业创建，点击作业管理器（Job Manage），可以看到创建好的作业，点击提交，可以看到对话框中的状态依次变为提交（Submitted）、运行（Running）和完成（Completed）。当状态为完成时表示分析成功，点击对话框的结果（Result）命令，进入可视化（Visualization）模块。

（9）后处理

当窗口进入可视化功能模块时，视图中显示的为模型未变形时的网格模型，点击左侧的"在变形图上绘制云图"即可得到变形后的应力云图（图 5-10），通过左侧窗口的不同命令可得到想要的数据。至此完成对其的应力分析。

图 5-10　应力云图

5.3　Abaqus 软件复合材料领域专用模块

5.3.1　EasyPBC 插件介绍

EasyPBC 是由 Sadik Omairey 等开发的简单的 Abaqus 施加周期性边界条件的插件。EasyPBC 是使用 Abaqus 命令用 Python 编程语言编写的。为了使该插件在 Abaqus CAE 接口中可用，只需在启动前将代码放置在 Abaqus_plugin 目录中。该插件运行两个主要阶段，通过实现统一周期性 RVE 均化方法的概念来估计均化弹性特性，这两个阶段是预处理和后处理阶段。第一阶段确定 RVE 的几何尺寸，识别边界表面，创建节点集，创建节点到节点的约束方程，并应用所需的位移边界条件。而后处理阶段处理应力-应变计算以及与估算相关的其他操作。

EasyPBC 开始预处理阶段的输入是用户创建的 RVE 模型，包括组成材料属性和网格的定义。这允许用户完全控制几何体创建和网格选项。一旦完成，软件将导入上述信息，并专门针对选定的模型和实例，使用节点坐标作为输入数据，在 RVE 的所有三个方向（X、Y 和 Z 方向的最大和最小）上找到最大和最小点。这些值是计算 RVE 边界尺寸和查找其角、边和表面的基础。为了将节点分类到这些集合中，每个节点必须满足特定的坐标条件。一旦节点满足特定节点集（角、边或表面）的条件，它被插入到包含该集合的标签的数组中。为了减少处理时间，代码避免检查边界曲面之间的 RVE 中嵌入的任何节点，这些节点的坐标均不等于任何最大值或最小值。生成的节点集现在需要排序，以便于连接节点自由度以实现 PBC。

5.3.2 EasyPBC 复合材料分析实例

基于单胞有限元法，借助 EasyPBC 插件进行三维五向矩形编织复合材料弹性性能分析，具体流程如下。

(1) EasyPBC 插件使用前处理

EasyPBC 插件所分析的模型需要保证相对面网格节点一一对应，即需要划分周期性网格模型。本书单胞的周期性网格模型在 HyperMesh 中划分完成，随后将其导入到 Abaqus。另外，在使用 EasyPBC 插件前，需要进行有限元模型的材料属性赋予。材料属性添加完成后，在 Plug-ins 中打开 EasyPBC 插件，如图 5-11 所示。需要注意的是，该插件需要提前安装到 Abaqus 中。

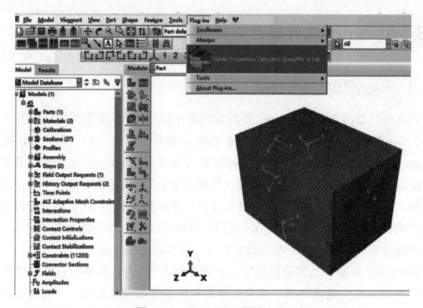

图 5-11 EasyPBC 插件入口

（2）EasyPBC 插件使用参数定义

EasyPBC 插件界面如图 5-12 所示。下面对插件界面的相关参数进行介绍。Model name 为所要分析模型的名称；Instance name 为 Assembly 中的实例名称；Mapping accuracy 为识别对应节点时，对应节点相应坐标所允许的误差范围，取值应该小于最小网格尺寸的 1/2；Number of CPUs to be used 为使用该插件进行分析所使用的 CPU 核心数量；E11、E22、E33、G12、G13、G23 为所要分析预测的弹性常数，根据需要选择即可。

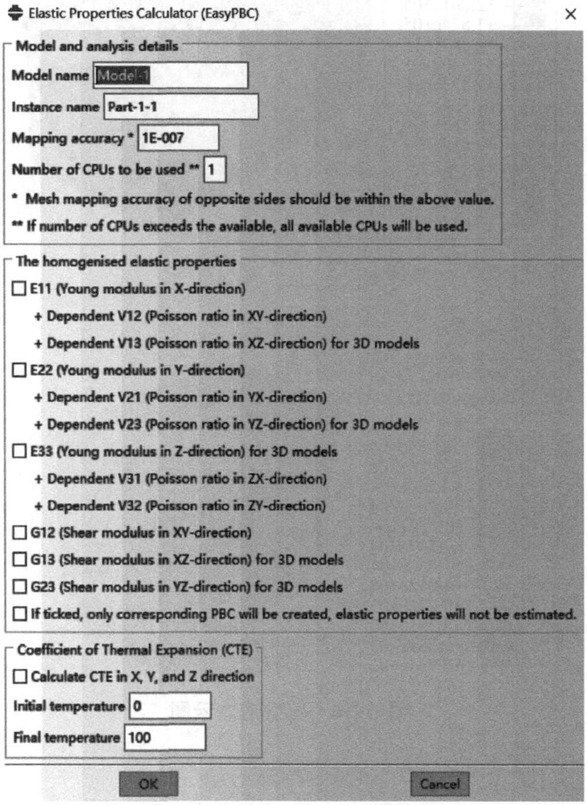

图 5-12 EasyPBC 插件界面

（3）EasyPBC 插件获得结果说明

相关参数设置完成后，点击最下方的"OK"按钮即可进行分析环节。本例选用的碳纤维束（碳纤维与基体混合）和基体的弹性属性见表 5-1，选择分析 E11、E22、G12、G23 等参数。

材料	$E_{f1}(E_m)$/GPa	E_{f2}/GPa	$G_{f12}(G_m)$/GPa	G_{f23}/GPa	$v_{f12}(v_m)$
纤维束	133.42	8.36	3.79	2.95	0.28
PEEK	3.55	—	1.27	—	0.40

　　分析完成后，得到求解 E11、E22、G12、G23 等弹性常数的应力云图，如图 5-13～图 5-16 所示。

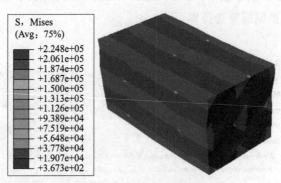

图 5-13　E11 应力云图

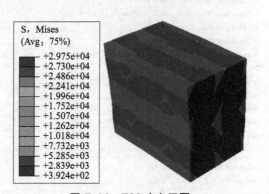

图 5-14　E22 应力云图

　　并且，该插件基于 Python 语言提取了单胞模型的等效平均应力和等效平均应变，实现了弹性常数求解，并以 .txt 的文件格式将其写入了工作目录文件夹中，结果见表 5-2。

▫ 表 5-2　EasyPBC 插件求解的单胞弹性常数

弹性性能	E_1/GPa	$E_2(E_3)$/GPa	$G_{12}(G_{13})$/GPa	G_{23}/GPa	$v_{12}(v_{13})$	v_{23}
数值	41.70	9.68	9.21	5.63	0.52	0.54

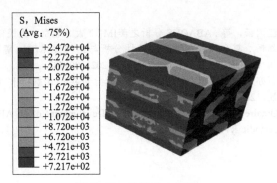

图 5-15 G12 应力云图

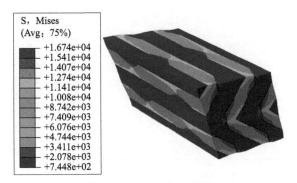

图 5-16 G23 应力云图

参考文献

［1］ 江丙云，等 . ABAQUS 分析之美[M]. 2 版 . 北京：人民邮电出版社，2018.

［2］ 刘畅 . 复合材料身管动态特性分析与结构优化[D]. 南京：南京理工大学，2021. DOI：10. 27241/d. cnki. gnjgu. 2021. 001582.

［3］ 石亦平，周玉蓉 . ABAQUS 有限元分析实例详解[M]. 北京：机械工业出版社，2006.

［4］ Omairey，Sadik L，Dunning，et al. Development of an ABAQUS plugin tool for periodic RVE homogenisation.

$$\text{第 }6\text{ 章}$$

三维编织碳纤维复合材料力学性能预测

6.1 复合材料刚度预测

　　编织参数对三维五向圆形横向编织单胞物理特性将会产生较大影响，而物理特性的差异最终会影响复合材料的力学特性。本节以三维五向圆形横向编织单胞为例，进行了三维编织碳纤维复合材料刚度性能的预测。具体是，在对三维五向圆形横向编织单胞物理特性研究的基础上，假设不考虑单胞微六面体单元上的体力，推导出了圆形横向编织单胞任意纱线所在局部坐标系和整体坐标系之间的应力转换矩阵，利用体积平均法推导出考虑基体后三维五向圆形编织复合材料总体刚度矩阵，通过对复合材料总体刚度矩阵求逆可得到复合材料的力学性能参数，据此预测不同编织参数复合材料的力学性能，为圆形横向编织复合材料力学性能的研究和应用提供理论支撑。

（1）圆形编织应力转换矩阵求解

　　三维五向圆形编织过程中，纱线运动是在图 6-1 中 θ-r-z 极坐标系下进行，编织角度的计算是在图 6-1 中 X-Y-Z 全局坐标直角系下进行。极坐标系 θ_1-r_1-z_1 位于 MNQ 斜截面上，并且轴 θ_1 与平面 MNQ 的外法线平行，坐标轴 r_1 和 z_1 在平面 MNQ 上。

　　图 6-1 中，当 M、N 和 Q 点分别沿着 z、r 和 θ 轴的反方向、无限趋近于极坐标系 θ-r-z 的原点 O_1 时，图 6-1 所示的环形微六面体单元上的应力近似等于斜截面 MNQ 上的应力。

　　假设不考虑环形微六面体单元上体力，令斜截面 MNQ 的面积 $S_{MNQ}=1$，将 S_{MNQ} 在极坐标系 θ-r-z 的三个坐标轴面上投影，得到面积之间的关系：
$S_{MNO_1} \approx S_{ABCD} \approx \cos\gamma \times 1$，$S_{MQO_1} \approx S_{AEHD} \approx \cos\beta \times 1$，$S_{QNO_1} \approx S_{CDHG} \approx \cos\alpha \times 1$。

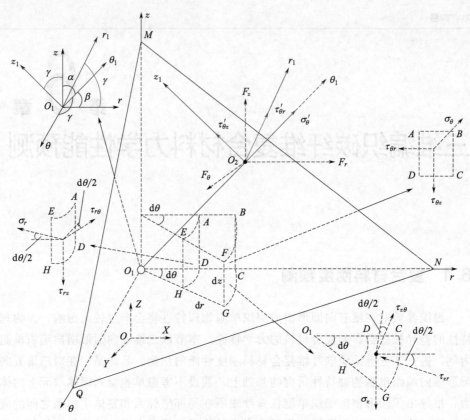

图 6-1 垂直 θ_1 轴的斜截面上三向应力

假设斜截面 MNQ 上的全应力为 F，F 在极坐标系 $\theta\text{-}r\text{-}z$ 下沿着坐标轴方向的分量分别用 F_θ、F_r 和 F_z 表示，根据图 6-1 环形微六面体单元中平衡条件 $\sum F_\theta = 0$、$\sum F_r = 0$ 和 $\sum F_z = 0$，得到：

$$
\begin{cases}
F_\theta = \sigma_\theta S_{ABCD} + \tau_{r\theta} S_{AEHD} \cos \dfrac{\mathrm{d}\theta}{2} + \tau_{z\theta} S_{CDHG} \cos \dfrac{\mathrm{d}\theta}{2} \\[2mm]
F_r = \tau_{\theta r} S_{ABCD} + \sigma_r S_{AEHD} \cos \dfrac{\mathrm{d}\theta}{2} + \tau_{zr} S_{CDHG} \cos \dfrac{\mathrm{d}\theta}{2} \\[2mm]
F_z = \tau_{\theta z} S_{ABCD} + \tau_{rz} S_{AEHD} + \sigma_z S_{CDHG}
\end{cases}
\tag{6-1}
$$

对图 6-1 中的环形微六面体重心坐标轴运用力矩平衡条件 $\sum M_\theta = 0$、$\sum M_r = 0$ 和 $\sum M_z = 0$，则可得到 $\tau_{rz} = \tau_{zr}$、$\tau_{z\theta} = \tau_{\theta z}$ 和 $\tau_{\theta r} = \tau_{r\theta}$。

将式(6-1)中的力，分别沿着极坐标系 $\theta_1\text{-}r_1\text{-}z_1$ 的三个坐标轴分解，根据图 6-1 中所示角度关系，得到斜截面 MNQ 上的应力 σ_θ'、$\tau_{\theta r}'$ 和 $\tau_{\theta z}'$ 分别为：

$$\begin{cases} \sigma'_\theta = (F_\theta \cos\gamma + F_r \cos\beta + F_z \cos\alpha) \times S_{MNQ} \\ \tau'_{\theta r} = (F_\theta \cos^2\gamma \cos\beta + F_r \cos\gamma + F_z \cos\alpha \cos\gamma \cos\beta) \times S_{MNQ} \\ \tau'_{\theta z} = (F_\theta \cos^2\gamma \cos\alpha + F_r \cos\alpha \cos\gamma \cos\beta + F_z \cos\gamma) \times S_{MNQ} \end{cases} \qquad (6\text{-}2)$$

同理，在图 6-2 中，轴 z_1 与平面 mnq 的外法线平行，δ 为轴 z_1 和 r 之间的角度，根据图 6-2 中的角度关系，可得 $\delta = \arccos(\cos\gamma \cos\alpha \cos\beta)$。

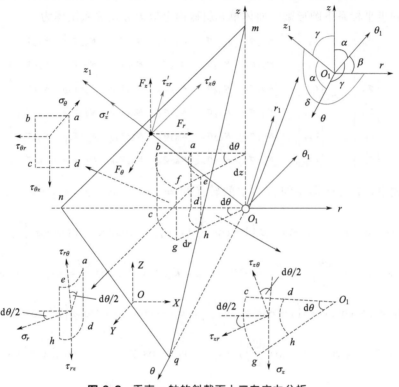

图 6-2 垂直 z_1 轴的斜截面上三向应力分析

令斜截面 mnq 的面积 $S_{mnq} = 1$，将 S_{mnq} 在极坐标系 $\theta\text{-}r\text{-}z$ 的三个坐标轴面上投影，得到面积之间的关系：$S_{abcd} \approx \cos\alpha$，$S_{aehd} \approx \cos\alpha \cos\gamma \cos\beta$，$S_{cdhg} \approx \cos\gamma$。根据图 6-2 环形微六面体单元中平衡条件得到：

$$\begin{cases} F_\theta = \sigma_\theta S_{abcd} + \tau_{r\theta} S_{aehd} \cos\dfrac{d\theta}{2} + \tau_{z\theta} S_{cdhg} \cos\dfrac{d\theta}{2} \\ F_r = \tau_{\theta r} S_{abcd} + \sigma_r S_{aehd} \cos\dfrac{d\theta}{2} + \tau_{zr} S_{cdhg} \cos\dfrac{d\theta}{2} \\ F_z = \tau_{z\theta} S_{abcd} + \tau_{rz} S_{aehd} + \sigma_z S_{cdhg} \end{cases} \qquad (6\text{-}3)$$

将式(6-3) 中的力，分别沿着极坐标系 θ_1-r_1-z_1 的三个坐标轴分解，根据图 6-2 中所示角度关系，得到斜截面 mnq 上的应力 σ'_z、τ'_{zr} 和 $\tau'_{z\theta}$ 分别为：

$$\begin{cases} \sigma'_z = (F_\theta \cos^2\gamma\cos\alpha + F_r\cos\delta + F_z\cos\gamma) \times S_{mnq} \\ \tau'_{zr} = (F_\theta \cos^2\gamma\cos\beta + F_r\cos\gamma + F_z\cos\delta) \times S_{mnq} \\ \tau'_{z\theta} = (F_\theta\cos\gamma + F_r\cos\beta + F_z\cos\alpha) \times S_{mnq} \end{cases} \quad (6\text{-}4)$$

同理，当斜截面与 r_1 轴的外法线平行时可得到 σ'_r，利用式(6-3) 式(6-4)可得到极坐标系下圆形微六面体单元斜截面上应力分量关系矩阵为：

$$\begin{bmatrix} \sigma'_\theta \\ \sigma'_r \\ \sigma'_z \\ \tau'_{\theta r} \\ \tau'_{\theta z} \\ \tau'_{zr} \end{bmatrix} = T \begin{bmatrix} \sigma_\theta \\ \sigma_r \\ \sigma_z \\ \tau_{r\theta} \\ \tau_{r\theta} \\ \tau_{rz} \end{bmatrix} = \begin{bmatrix} \kappa_{11}\sigma_\theta & \kappa_{12}\sigma_r & \kappa_{13}\sigma_z & \kappa_{14}\tau_{r\theta} & \kappa_{15}\tau_{r\theta} & \kappa_{16}\tau_{rz} \\ \kappa_{21}\sigma_\theta & \kappa_{22}\sigma_r & \kappa_{23}\sigma_z & \kappa_{24}\tau_{r\theta} & \kappa_{25}\tau_{r\theta} & \kappa_{26}\tau_{rz} \\ \kappa_{31}\sigma_\theta & \kappa_{32}\sigma_r & \kappa_{33}\sigma_z & \kappa_{34}\tau_{r\theta} & \kappa_{35}\tau_{r\theta} & \kappa_{36}\tau_{rz} \\ \kappa_{41}\sigma_\theta & \kappa_{42}\sigma_r & \kappa_{43}\sigma_z & \kappa_{44}\tau_{r\theta} & \kappa_{45}\tau_{r\theta} & \kappa_{46}\tau_{rz} \\ \kappa_{51}\sigma_\theta & \kappa_{52}\sigma_r & \kappa_{53}\sigma_z & \kappa_{54}\tau_{r\theta} & \kappa_{55}\tau_{r\theta} & \kappa_{56}\tau_{rz} \\ \kappa_{61}\sigma_\theta & \kappa_{62}\sigma_r & \kappa_{63}\sigma_z & \kappa_{64}\tau_{r\theta} & \kappa_{65}\tau_{r\theta} & \kappa_{66}\tau_{rz} \end{bmatrix} \quad (6\text{-}5)$$

式中，T 为圆形编织应力空间转换矩阵，$\kappa_{11} = \cos^2\gamma$，$\kappa_{12} = \cos^2\beta\cos\dfrac{d\theta}{2}$，$\kappa_{13} = \cos^2\alpha$，$\kappa_{14} = \cos\gamma\cos\beta\left(1 + \cos\dfrac{d\theta}{2}\right)$，$\kappa_{15} = \cos\gamma\cos\alpha\left(1 + \cos\dfrac{d\theta}{2}\right)$，$\kappa_{16} = \cos\beta\cos\alpha\left(1 + \cos\dfrac{d\theta}{2}\right)$，$\kappa_{21} = \cos^2\gamma\ \cos^2\beta$，$\kappa_{22} = \cos^2\gamma\cos\dfrac{d\theta}{2}$，$\kappa_{23} = \cos^2\alpha\ \cos^2\gamma\ \cos^2\beta$，$\kappa_{24} = \cos\gamma\cos\beta\left(1 + \cos^2\gamma\cos\dfrac{d\theta}{2}\right)$，$\kappa_{25} = \cos^2\beta\cos\gamma\cos\alpha\left(1 + \cos^2\gamma\cos\dfrac{d\theta}{2}\right)$，$\kappa_{26} = \cos^2\gamma\cos\beta\cos\alpha\left(1 + \cos\dfrac{d\theta}{2}\right)$，$\kappa_{31} = \cos^2\alpha\ \cos^2\gamma$，$\kappa_{32} = \cos^2\beta\ \cos^2\gamma\ \cos^2\alpha\cos\dfrac{d\theta}{2}$，$\kappa_{33} = \cos^2\gamma$，$\kappa_{34} = \cos^2\alpha\cos\gamma\cos\beta\left(\cos^2\gamma\cos\dfrac{d\theta}{2} + 1\right)$，$\kappa_{35} = \cos\gamma\cos\alpha\left(1 + \cos^2\gamma\cos\dfrac{d\theta}{2}\right)$，$\kappa_{36} = \cos^2\gamma\cos\beta\cos\alpha\left(1 + \cos\dfrac{d\theta}{2}\right)$，$\kappa_{41} = \cos^3\gamma\cos\beta$，$\kappa_{42} = \cos\gamma\cos\beta\cos\dfrac{d\theta}{2}$，$\kappa_{43} = \cos^2\alpha\cos\gamma\cos\beta$，$\kappa_{44} = \left(\cos\dfrac{d\theta}{2}\cos^2\beta + 1\right)\cos^2\gamma$，$\kappa_{45} = \cos^2\gamma\cos\alpha\cos\beta\left(\cos\dfrac{d\theta}{2} + 1\right)$，$\kappa_{46} = \cos\alpha\cos\gamma\left(\cos\dfrac{d\theta}{2} + \cos^2\beta\right)$，$\kappa_{51} = \cos\alpha\ \cos^3\gamma$，$\kappa_{52} = \cos\alpha\cos\gamma\ \cos^2\beta\cos\dfrac{d\theta}{2}$，$\kappa_{53} = \cos\alpha\cos\gamma$，$\kappa_{54} = \cos^2\gamma\cos\alpha\cos\beta\left(\cos\dfrac{d\theta}{2} + 1\right)$，$\kappa_{55} = \left(\cos\dfrac{d\theta}{2}\cos^2\alpha + 1\right)\cos^2\gamma$，$\kappa_{56} = \cos\gamma\cos\beta\left(\cos^2\alpha\cos\dfrac{d\theta}{2} + 1\right)$，$\kappa_{61} = \cos\alpha\cos\beta$

$\cos^2\gamma$，$\kappa_{62}=\cos\alpha\cos^2\gamma\cos\beta\cos\dfrac{\mathrm{d}\theta}{2}$，$\kappa_{63}=\cos\alpha\cos^2\gamma\cos\beta$，$\kappa_{64}=\cos\alpha\cos\gamma$

$\left(\cos\dfrac{\mathrm{d}\theta}{2}\cos^2\beta\cos^2\gamma+1\right)$，$\kappa_{65}=\cos\gamma\cos\beta\left(\cos^2\gamma\cos\dfrac{\mathrm{d}\theta}{2}+\cos^2\alpha\right)$，$\kappa_{66}=\cos^2\gamma$

$\left(\cos\dfrac{\mathrm{d}\theta}{2}+\cos^2\alpha\cos^2\beta\right)$。

(2) 内部单胞等效刚度矩阵求解

图 6-3 为内部单胞 A 中纤维角度关系，图中 $\theta\text{-}r\text{-}z$ 圆柱坐标系中 c_1 和 c_2 点的坐标为：

$$\begin{cases}c_1^{\theta\text{-}r\text{-}z}=\left(R_{\mathrm{in}}+\dfrac{h}{2},0,w_h\right)\\[2mm]c_2^{\theta\text{-}r\text{-}z}=\left(R_{\mathrm{in}}+\dfrac{h}{2},-\dfrac{180^\circ}{M},\dfrac{3w_h}{2}\right)\end{cases} \tag{6-6}$$

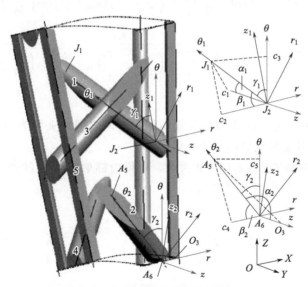

图 6-3　内部单胞 A 中纤维角度关系

根据 $\theta\text{-}r\text{-}z$ 圆柱坐标系和 $X\text{-}Y\text{-}Z$ 直角坐标系之间的关系，得到在 $X\text{-}Y\text{-}Z$ 直角坐标系下 c_1 和 c_2 点的坐标为：

$$\begin{cases}c_1^{X\text{-}Y\text{-}Z}=\left(0,w_h,\left(R_{\mathrm{in}}+\dfrac{h}{2}\right)\right)\\[2mm]c_2^{X\text{-}Y\text{-}Z}=\left(-\sin\left(\dfrac{180^\circ}{M}\right)\left(R_{\mathrm{in}}+\dfrac{h}{2}\right),\dfrac{3w_h}{2},\cos\left(\dfrac{180^\circ}{M}\right)\left(R_{\mathrm{in}}+\dfrac{h}{2}\right)\right)\end{cases} \tag{6-7}$$

因此，根据两个坐标系的位置关系，图 6-3 中，在 $X\text{-}Y\text{-}Z$ 直角坐标系中 c_1 和 J_2 点间的距离为 $L_{c_1-J_2}^{X\text{-}Y\text{-}Z}=0.5w_h$，$c_2$ 与 J_2 点间的距离为：

$$L_{c_2-J_2}^{X\text{-}Y\text{-}Z}=\sqrt{\left[\left(R_{\text{in}}+\frac{h}{2}\right)\sin\left(\frac{180^\circ}{M}\right)\right]^2+\left[\left(R_{\text{in}}+\frac{h}{2}\right)\cos\left(\frac{180^\circ}{M}\right)-R_{\text{in}}-\frac{h}{2}\right]^2}$$

$$(6\text{-}8)$$

根据图 6-3 所示的位置关系，可得内部单胞 A 中纱线 1 上的 θ_1 轴与 $\theta\text{-}r\text{-}z$ 三个坐标轴的夹角计算公式：

$$\begin{cases}\alpha_1=\arccos\left[\dfrac{0.5w_h}{\sqrt{\left[\left(R_{\text{in}}+\frac{3h}{4}\right)\sin\left(\frac{180^\circ}{M}\right)\right]^2+\left(\frac{w_h}{2}\right)^2+\left[\left(R_{\text{in}}+\frac{3h}{4}\right)\cos\left(\frac{180^\circ}{M}\right)-R_{\text{in}}-\frac{h}{2}\right]^2}}\right]\\[4em]\beta_1=\arccos\left[\dfrac{\sqrt{\left[\left(R_{\text{in}}+\frac{h}{2}\right)\sin\left(\frac{180^\circ}{M}\right)\right]^2+\left[\left(R_{\text{in}}+\frac{h}{2}\right)\cos\left(\frac{180^\circ}{M}\right)-R_{\text{in}}-\frac{h}{2}\right]^2}}{\sqrt{\left[\left(R_{\text{in}}+\frac{3h}{4}\right)\sin\left(\frac{180^\circ}{M}\right)\right]^2+\left(\frac{w_h}{2}\right)^2+\left[\left(R_{\text{in}}+\frac{3h}{4}\right)\cos\left(\frac{180^\circ}{M}\right)-R_{\text{in}}-\frac{h}{2}\right]^2}}\right]\\[4em]\gamma_1=\arccos\left[\dfrac{0.25h}{\sqrt{\left[\left(R_{\text{in}}+\frac{3h}{4}\right)\sin\left(\frac{180^\circ}{M}\right)\right]^2+\left(\frac{w_h}{2}\right)^2+\left[\left(R_{\text{in}}+\frac{3h}{4}\right)\cos\left(\frac{180^\circ}{M}\right)-R_{\text{in}}-\frac{h}{2}\right]^2}}\right]\end{cases}$$

$$(6\text{-}9)$$

式（6-9）中，定义内部编织纱线和编织方向之间的夹角为内部编织角，γ_1 为内部单胞 A 外层纱线的内部编织角度。

同理，根据图 6-3 所示的位置关系，可得内部单胞 A 中纱线 2 上的 θ_1 轴与 $\theta\text{-}r\text{-}z$ 三个坐标轴的夹角计算公式：

$$\begin{cases}\alpha_2=\arccos\left[\dfrac{0.5w_h}{\sqrt{\left[\left(R_{\text{in}}+\frac{h}{4}\right)\sin\left(\frac{180^\circ}{M}\right)\right]^2+\left(\frac{w_h}{2}\right)^2+\left[\left(R_{\text{in}}+\frac{h}{4}\right)\cos\left(\frac{180^\circ}{M}\right)-R_{\text{in}}\right]^2}}\right]\\[4em]\beta_2=\arccos\left[\dfrac{\sqrt{\left[R_{\text{in}}\sin\left(\frac{180^\circ}{M}\right)\right]^2+\left[R_{\text{in}}-R_{\text{in}}\cos\left(\frac{180^\circ}{M}\right)\right]^2}}{\sqrt{\left[\left(R_{\text{in}}+\frac{h}{4}\right)\sin\left(\frac{180^\circ}{M}\right)\right]^2+\left(\frac{w_h}{2}\right)^2+\left[\left(R_{\text{in}}+\frac{h}{4}\right)\cos\left(\frac{180^\circ}{M}\right)-R_{\text{in}}\right]^2}}\right]\\[4em]\gamma_2=\arccos\left[\dfrac{0.25h}{\sqrt{\left[\left(R_{\text{in}}+\frac{h}{4}\right)\sin\left(\frac{180^\circ}{M}\right)\right]^2+\left(\frac{w_h}{2}\right)^2+\left[\left(R_{\text{in}}+\frac{h}{4}\right)\cos\left(\frac{180^\circ}{M}\right)-R_{\text{in}}\right]^2}}\right]\end{cases}$$

$$(6\text{-}10)$$

同理，根据图 6-4 所示的位置关系，可得内部单胞 B 中纱线 1 上的 θ_3 轴与 $\theta\text{-}r\text{-}z$ 三个坐标轴的夹角计算公式：

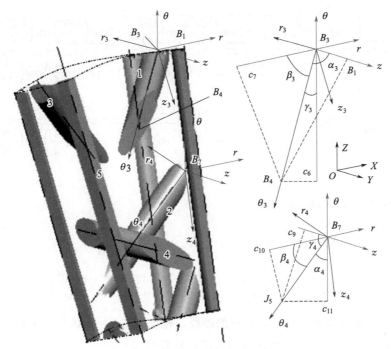

图 6-4 内部单胞 B 中纤维角度关系

$$
\left\{
\begin{aligned}
\alpha_3 &= \arccos\left[\frac{0.5w_h}{\sqrt{(X_{\alpha_3})^2+\left(\dfrac{w_h}{2}\right)^2+\left[R_{\text{out}}\cos\left(\dfrac{360^\circ}{M}\right)-\left(R_{\text{in}}+\dfrac{3h}{4}\right)\cos\left(\dfrac{180^\circ}{M}\right)\right]^2}}\right]\\[2mm]
\beta_3 &= \arccos\left[\frac{\sqrt{\left[R_{\text{out}}\sin\left(\dfrac{360^\circ}{M}\right)-R_{\text{out}}\sin\left(\dfrac{180^\circ}{M}\right)\right]^2+\left[R_{\text{out}}\cos\left(\dfrac{360^\circ}{M}\right)-R_{\text{out}}\cos\left(\dfrac{180^\circ}{M}\right)\right]^2}}{\sqrt{(X_{\alpha_3})^2+\left(\dfrac{w_h}{2}\right)^2+\left[R_{\text{out}}\cos\left(\dfrac{360^\circ}{M}\right)-\left(R_{\text{in}}+\dfrac{3h}{4}\right)\cos\left(\dfrac{180^\circ}{M}\right)\right]^2}}\right]\\[2mm]
\gamma_3 &= \arccos\left[\frac{0.25h}{\sqrt{(X_{\alpha_3})^2+\left(\dfrac{w_h}{2}\right)^2+\left[R_{\text{out}}\cos\left(\dfrac{360^\circ}{M}\right)-\left(R_{\text{in}}+\dfrac{3h}{4}\right)\cos\left(\dfrac{180^\circ}{M}\right)\right]^2}}\right]
\end{aligned}
\right.
$$

$$(6\text{-}11)$$

同理，内部单胞 B 中纱线 2 上的 θ_4 轴与 $\theta\text{-}r\text{-}z$ 三个坐标轴的夹角计算公式：

$$
\left\{
\begin{aligned}
\alpha_4 &= \arccos\left[\frac{0.5w_h}{\sqrt{(X_{\alpha_4})^2 + \left(\dfrac{w_h}{2}\right)^2 + \left[\left(R_{in}+\dfrac{h}{4}\right)\cos\left(\dfrac{180°}{M}\right) - \left(R_{in}+\dfrac{h}{2}\right)\cos\left(\dfrac{360°}{M}\right)\right]^2}}\right] \\[2mm]
\beta_4 &= \arccos\left[\frac{\left(R_{in}+\dfrac{h}{2}\right)\sqrt{\left[2 - 2\sin\left(\dfrac{360°}{M}\right)\sin\left(\dfrac{180°}{M}\right) - 2\cos\left(\dfrac{360°}{M}\right)\cos\left(\dfrac{180°}{M}\right)\right]}}{\sqrt{(X_{\alpha_4})^2 + \left(\dfrac{w_h}{2}\right)^2 + \left[\left(R_{in}+\dfrac{h}{4}\right)\cos\left(\dfrac{180°}{M}\right) - \left(R_{in}+\dfrac{h}{2}\right)\cos\left(\dfrac{360°}{M}\right)\right]^2}}\right] \\[2mm]
\gamma_4 &= \arccos\left[\frac{0.25h}{\sqrt{(X_{\alpha_4})^2 + \left(\dfrac{w_h}{2}\right)^2 + \left[\left(R_{in}+\dfrac{h}{4}\right)\cos\left(\dfrac{180°}{M}\right) - \left(R_{in}+\dfrac{h}{2}\right)\cos\left(\dfrac{360°}{M}\right)\right]^2}}\right]
\end{aligned}
\right.
$$

$$(6-12)$$

式（6-11）和式（6-12）中，

$$
\left\{
\begin{aligned}
X_{\alpha_3} &= R_{out}\cos\left(\frac{360°}{M}\right) - \left(R_{in}+\frac{3h}{4}\right)\cos\left(\frac{180°}{M}\right) \\[2mm]
X_{\alpha_4} &= \left(R_{in}+\frac{h}{4}\right)\cos\left(\frac{180°}{M}\right) - \left(R_{in}+\frac{h}{2}\right)\cos\left(\frac{360°}{M}\right)
\end{aligned}
\right.
$$

内部单胞 A 中有 5 种不同走向的纱线，根据图 6-3 所示的位置关系，可得到内部单胞 A 中 5 种纱线与坐标轴的角度，见表 6-1。

▫ 表 6-1　内部单胞 A 中纱线角度

轴纱线号	1	2	3	4	5
$\theta\text{-}\theta_i$	γ_1	γ_2	γ_1	γ_2	0
$r\text{-}\theta_i$	$\pi-\beta_1$	$\pi-\beta_2$	β_1	β_2	0
$z\text{-}\theta_i$	$\pi-\alpha_1$	α_2	α_1	$\pi-\alpha_2$	0

同理，内部单胞 B 中有 5 种不同走向的纱线，根据图 6-4 所示的位置关系，可得到内部单胞 B 中 5 种纱线与坐标轴的角度，见表 6-2。

▫ 表 6-2　内部单胞 B 中纱线角度

轴纱线号	1	2	3	4	5
$\theta\text{-}\theta_i$	$\pi-\gamma_3$	$\pi-\gamma_4$	$\pi-\gamma_3$	$\pi-\gamma_4$	0
$r\text{-}\theta_i$	$\pi-\beta_3$	$\pi-\beta_4$	β_3	β_4	0
$z\text{-}\theta_i$	α_3	$\pi-\alpha_4$	$\pi-\alpha_3$	α_4	0

由于内部单胞结构对称性，内部单胞 D 中纱线与坐标轴的角度和内部单胞

A 相同，内部单胞 C 中纱线与坐标轴的角度和内部单胞 B 相同。

因此，内部单胞 A 的刚度矩阵为：

$$C_{\text{in}}^A = 0.25 [(V_{\text{in-}A}^1 + V_{\text{in-}A}^3) T_{\text{in-}A}^1 C_f (T_{\text{in-}A}^1)^{\text{T}} +$$

$$(V_{\text{in-}A}^2 + V_{\text{in-}A}^4) T_{\text{in-}A}^2 C_f (T_{\text{in-}A}^2)^{\text{T}} + V_{\text{in-}A}^5 C_f] \qquad (6\text{-}13)$$

式(6-13) 中，$V_{\text{in-}A}^i$ 为内部单胞 A 中纱线 i 占内部单胞的纤维体积比；$T_{\text{in-}A}^i$ 为内部单胞 A 中纱线 i 的应力转化矩阵。

将表 6-1 中的角度代入式(6-5) 中，根据式(6-10)～式(6-12)，即可得到内部单胞 A 的应力转化矩阵 $T_{\text{in-}A}^i$；C_f 为纱线在局部坐标系下的刚度矩阵。

$$\begin{cases} V_{A\text{-in}}^1 = V_{A\text{-in}}^3 = \dfrac{h}{4V_{\text{in}}^A \cos\gamma_1} \\[3mm] V_{A\text{-in}}^2 = V_{A\text{-in}}^4 = \dfrac{h}{4V_{\text{in}}^A \cos\gamma_2} \\[3mm] V_{A\text{-in}}^5 = \dfrac{h}{V_{\text{in}}^A} \end{cases} \qquad (6\text{-}14)$$

式(6-14) 中，$V_{\text{in}}^A = \dfrac{h}{2\cos\gamma_1} + \dfrac{h}{2\cos\gamma_2} + h$。同理，可得到内部单胞 B、C、D 的刚度矩阵 C_{in}^B、C_{in}^C 和 C_{in}^D。

根据体积平均法，将不同的内部单胞加权平均，得到整个内部单胞的等效刚度矩阵 $\overline{C}_{\text{in}}$ 为：

$$\overline{C}_{\text{in}} = \frac{V_{A\text{-in}}}{V_{\text{in}}^t} C_{\text{in}}^A + \frac{V_{B\text{-in}}}{V_{\text{in}}^t} C_{\text{in}}^B + \frac{V_{C\text{-in}}}{V_{\text{in}}^t} C_{\text{in}}^C + \frac{V_{D\text{-in}}}{V_{\text{in}}^t} C_{\text{in}}^D \qquad (6\text{-}15)$$

式(6-15) 中，$V_{A\text{-in}} = h\left(\dfrac{1}{2\cos\gamma_1} + \dfrac{1}{2\cos\gamma_2} + 1\right)$，$V_{B\text{-in}} = h\left(\dfrac{1}{2\cos\gamma_3} + \dfrac{1}{2\cos\gamma_4} + 1\right)$，$V_{C\text{-in}} = h\left(\dfrac{1}{2\cos\gamma_3} + \dfrac{1}{2\cos\gamma_4} + 1\right)$，$V_{D\text{-in}} = h\left(\dfrac{1}{2\cos\gamma_1} + \dfrac{1}{2\cos\gamma_2} + 1\right)$，$V_{\text{in}}^t = \sum\limits_{i=1}^{4}\left(\dfrac{h}{\cos\gamma_i}\right) + 4h$。

(3) 上表面单胞等效刚度矩阵求解

图 6-5 为上表面单胞中纤维角度关系，根据图 6-5 所示的位置关系，可得上表面单胞中纱线上的 θ_5 轴与 θ-r-z 三个坐标轴的夹角计算公式：

$$
\left\{
\begin{aligned}
\alpha_{\text{top}} &= \arccos\left[\cfrac{0.5w_h}{\sqrt{\xi_{\text{top}}^2+\left(\dfrac{w_h}{2}\right)^2+\left[\left(R_{\text{in}}+\dfrac{h}{4}\right)\cos\left(\dfrac{360^\circ}{M}\right)-\left(R_{\text{in}}+\dfrac{3h}{4}\right)\cos\left(\dfrac{180^\circ}{M}\right)\right]^2}}\right] \\
\beta_{\text{top}} &= \arccos\left[\cfrac{\left(R_{\text{in}}+\dfrac{h}{4}\right)\sqrt{\left[2-2\sin\left(\dfrac{180^\circ}{M}\right)\sin\left(\dfrac{360^\circ}{M}\right)-2\cos\left(\dfrac{180^\circ}{M}\right)\cos\left(\dfrac{360^\circ}{M}\right)\right]}}{\sqrt{\xi_{\text{top}}^2+\left(\dfrac{w_h}{2}\right)^2+\left[\left(R_{\text{in}}+\dfrac{h}{4}\right)\cos\left(\dfrac{360^\circ}{M}\right)-\left(R_{\text{in}}+\dfrac{3h}{4}\right)\cos\left(\dfrac{180^\circ}{M}\right)\right]^2}}\right] \\
\gamma_{\text{top}} &= \arccos\left[\cfrac{0.25h}{\sqrt{\xi_{\text{top}}^2+\left(\dfrac{w_h}{2}\right)^2+\left[\left(R_{\text{in}}+\dfrac{h}{4}\right)\cos\left(\dfrac{360^\circ}{M}\right)-\left(R_{\text{in}}+\dfrac{3h}{4}\right)\cos\left(\dfrac{180^\circ}{M}\right)\right]^2}}\right]
\end{aligned}
\right.
$$

$$(6\text{-}16)$$

式（6-16）中，$\xi_{\text{top}}=\left(R_{\text{in}}+\dfrac{h}{4}\right)\sin\left(\dfrac{360^\circ}{M}\right)-\left(R_{\text{in}}+\dfrac{3h}{4}\right)\sin\left(\dfrac{180^\circ}{M}\right)$。

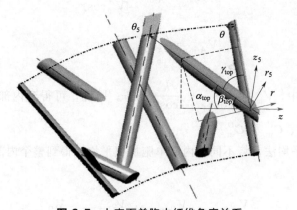

图 6-5　上表面单胞中纤维角度关系

同理，可得到上表面单胞的等效刚度矩阵$\overline{\boldsymbol{C}}_{\text{top}}$为：

$$\overline{\boldsymbol{C}}_{\text{top}}=V_{\text{top}}^1\boldsymbol{T}_{\text{top}}^1\boldsymbol{C}_f(\boldsymbol{T}_{\text{top}}^1)^{\text{T}}+V_{\text{top}}^2\boldsymbol{C}_f \qquad (6\text{-}17)$$

式（6-17）中，$V_{\text{top}}^1=\dfrac{h/\cos\alpha_{\text{top}}}{h/\cos\alpha_{\text{top}}+h/2}$，$V_{\text{top}}^2=\dfrac{h/2}{h/\cos\alpha_{\text{top}}+h/2}$。

（4）下表面单胞等效刚度矩阵求解

图 6-6 为下表面单胞中纤维角度关系，根据图 6-6 所示的位置关系，可得下表面单胞中纱线上的θ_6轴与$\theta\text{-}r\text{-}z$三个坐标轴的夹角计算公式：

$$\begin{cases} \alpha_{\text{low}} = \arccos\left[\dfrac{0.5w_h}{\sqrt{\xi_{\text{low}}^2 + \left(\dfrac{w_h}{2}\right)^2 + \left[\left(R_{\text{in}} + \dfrac{3h}{4}\right)\cos\left(\dfrac{360°}{M}\right) - \left(R_{\text{in}} + \dfrac{h}{4}\right)\cos\left(\dfrac{180°}{M}\right)\right]^2}}\right] \\[2em] \beta_{\text{low}} = \arccos\left[\dfrac{\left(R_{\text{in}} + \dfrac{3h}{4}\right)\sqrt{\left[2 - 2\sin\left(\dfrac{180°}{M}\right)\sin\left(\dfrac{360°}{M}\right) - 2\cos\left(\dfrac{180°}{M}\right)\cos\left(\dfrac{360°}{M}\right)\right]}}{\sqrt{\xi_{\text{low}}^2 + \left(\dfrac{w_h}{2}\right)^2 + \left[\left(R_{\text{in}} + \dfrac{3h}{4}\right)\cos\left(\dfrac{360°}{M}\right) - \left(R_{\text{in}} + \dfrac{h}{4}\right)\cos\left(\dfrac{180°}{M}\right)\right]^2}}\right] \\[2em] \gamma_{\text{low}} = \arccos\left[\dfrac{0.25h}{\sqrt{\xi_{\text{low}}^2 + \left(\dfrac{w_h}{2}\right)^2 + \left[\left(R_{\text{in}} + \dfrac{3h}{4}\right)\cos\left(\dfrac{360°}{M}\right) - \left(R_{\text{in}} + \dfrac{h}{4}\right)\cos\left(\dfrac{180°}{M}\right)\right]^2}}\right] \end{cases}$$

$$(6\text{-}18)$$

式（6-18）中，$\xi_{\text{low}} = \left(R_{\text{in}} + \dfrac{3h}{4}\right)\sin\left(\dfrac{360°}{M}\right) - \left(R_{\text{in}} + \dfrac{h}{4}\right)\sin\left(\dfrac{180°}{M}\right)$。

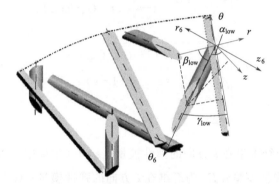

图 6-6　下表面单胞中纤维角度关系

同理，可得到下表面单胞的等效刚度矩阵 $\overline{C}_{\text{low}}$ 为：

$$\overline{C}_{\text{low}} = V_{\text{low}}^1 T_{\text{low}}^1 C_f (T_{\text{low}}^1)^{\text{T}} + V_{\text{low}}^2 C_f \qquad (6\text{-}19)$$

式（6-19）中，$V_{\text{low}}^1 = \dfrac{h/\cos\alpha_{\text{low}}}{h/\cos\alpha_{\text{low}} + h/2}$，$V_{\text{low}}^2 = \dfrac{h/2}{h/\cos\alpha_{\text{low}} + h/2}$。

（5）三单胞等效刚度矩阵求解

根据体积平均法，整个圆形编织复合材料所有纱线的总体刚度矩阵为：

$$\overline{C}_{\text{B}} = \chi_{\text{in}} C_{\text{in}} + \chi_{\text{top}} C_{\text{top}} + \chi_{\text{low}} C_{\text{low}} \qquad (6\text{-}20)$$

式（6-20）中，$\chi_{\text{in}} = \dfrac{V_{\text{in}}^t}{V_{\text{in}}^t + h/\cos\alpha_{\text{low}} + h/\cos\alpha_{\text{top}} + h}$，

$$\chi_{\text{top}} = \frac{h/\cos\alpha_{\text{top}} + h/2}{V_{\text{in}}^t + h/\cos\alpha_{\text{low}} + h/\cos\alpha_{\text{top}} + h}, \quad \chi_{\text{low}} = \frac{h/\cos\alpha_{\text{low}} + h/2}{V_{\text{in}}^t + h/\cos\alpha_{\text{low}} + h/\cos\alpha_{\text{top}} + h}。$$

考虑基体后三维五向圆形编织复合材料总体刚度矩阵为：

$$\overline{\boldsymbol{C}} = V_B \overline{\boldsymbol{C}}_B + (1 - V_B)\boldsymbol{C}_M \tag{6-21}$$

式(6-21)中，V_B 为纱线体积含量；$\boldsymbol{C}_M$ 为基体刚度矩阵。

表 6-3 为复合材料纤维和基体的参数，由于对称性弹性模量满足 $E_\theta = E_r$，剪切模量满足 $G_{\theta z} = G_{rz}$，泊松比满足 $\mu_{\theta z} = \mu_{rz}$，基体为各向同性材料，因此基体剪切模型满足 $G = \dfrac{E}{2(1+\mu)}$。

$$\begin{cases} E_\theta^s = E_r^s = \varepsilon E_\theta + (1-\varepsilon)E_m \\[2mm] E_z^s = \dfrac{E_m}{1 - \sqrt{\varepsilon}\,(1 - E_m/E_z)} \\[2mm] G_{\theta z}^s = G_{rz}^s = \dfrac{G_m}{1 - \sqrt{\varepsilon}\,(1 - G_m/G_{\theta z})} \\[2mm] G_{\theta r}^s = \dfrac{G_m}{1 - \sqrt{\varepsilon}\,(1 - G_m/G_{\theta r})} \\[2mm] \mu_{\theta z}^s = \mu_{rz}^s = \varepsilon \mu_{\theta z} + (1-\varepsilon)\mu_m \\[2mm] \mu_{\theta r}^s = \dfrac{E_z^s}{2G_{\theta r}^s} - 1 \end{cases} \tag{6-22}$$

式中，E_i^s 为纤维束在 i 方向的弹性模量；ε 为纤维束中基体和纤维的填充系数；E_m 为基体弹性模量；E_i 为纤维在 i 方向的弹性模量；G_{ij}^s 为纤维束在 i、j 平面的剪切模量；G_{ij} 为纤维在 i、j 平面的剪切模量；μ_{ij}^s 为纤维束在 i、j 平面的泊松比；μ_i 为纤维在 i 方向的泊松比。

▫ 表 6-3 纤维和基体的材料参数

项目	E_θ/GPa	E_z/GPa	$G_{\theta r}$/GPa	$G_{\theta z}$/GPa	$\mu_{\theta r}$	$\mu_{\theta z} = \mu_{rz}$
T300 碳纤维	220	13.8	9.0	4.8	0.2	0.25
TDE85	4.5	4.5	1.68	1.68	0.34	0.34

根据表 6-3 中复合材料纤维和基体的参数，利用式(6-22)所示的 Chamis 力学公式，可以计算出复合材料中纤维束在各个方向的力学参数。

(6) 三维五向圆形编织复合材料单胞力学性能求解

将表 6-3 基体参数和利用式(6-22)得到纤维束的参数代入式(6-21)中，即可得到三维五向圆形横向编织复合材料总体刚度矩阵，通过对总体刚度矩阵求逆，得到三维五向圆形横向编织复合材料工程弹性常数，如式(6-23)所示。

$$[\boldsymbol{S}]=[\overline{C}]^{-1}=\begin{bmatrix} \dfrac{1}{E_\theta^s} & \dfrac{-v_{\theta r}^s}{E_\theta^s} & \dfrac{-v_{\theta z}^s}{E_\theta^s} & 0 & 0 & 0 \\[3mm] \dfrac{-v_{\theta r}^s}{E_\theta^s} & \dfrac{1}{E_r^s} & \dfrac{-v_{rz}^s}{E_r^s} & 0 & 0 & 0 \\[3mm] \dfrac{-v_{\theta z}^s}{E_\theta^s} & \dfrac{-v_{rz}^s}{E_r^s} & \dfrac{1}{E_z^s} & 0 & 0 & 0 \\[3mm] 0 & 0 & 0 & \dfrac{1}{G_{rz}^s} & 0 & 0 \\[3mm] 0 & 0 & 0 & 0 & \dfrac{1}{G_{\theta z}^s} & 0 \\[3mm] 0 & 0 & 0 & 0 & 0 & \dfrac{1}{G_{\theta r}^s} \end{bmatrix} \quad (6-23)$$

式中，S 为复合材料总体柔度矩阵；E_j 为复合材料在 j 方向的弹性模量；G_{ij} 为复合材料在 i、j 平面的剪切模量；v_{ij} 为复合材料在 i、j 平面的泊松比。

6.2 单胞有限元分析

6.2.1 组分材料弹性性能

要求解三维五向编织复合材料的力学性能，首先要从组分材料的角度出发，通过纤维和基体求解出纤维束的力学性能，然后考虑纤维束和基体，求解出细观单胞的力学性能，将其等效给宏观尺度的复合材料。表 6-4 给出了本书选用的组分材料 T300 纤维和 PEEK 基体的弹性性能。在组分材料弹性性能的基础上，利用 Chamis 细观力学公式获取纤维束的等效弹性性能。Chamis 细观力学公式见式(6-24)。当 ε=0.76 时，纤维束的等效弹性性能见表 6-5。

⊡ 表 6-4 组分材料的弹性性能

材料	$E_{f1}(E_m)$/GPa	E_{f2}/GPa	$G_{f12}(G_m)$/GPa	G_{f23}/GPa	$v_{f12}(v_m)$
T300	220.00	13.80	9.00	4.80	0.20
PEEK	3.55	—	1.27	—	0.40

$$\begin{cases} E_{11} = \varepsilon E_{f1} + (1-\varepsilon) E_m \\[2mm] E_{22} = E_{33} = \dfrac{E_m}{1 - \sqrt{\varepsilon}\left(1 - \dfrac{E_m}{E_{f2}}\right)} \\[4mm] G_{12} = G_{13} = \dfrac{G_m}{1 - \sqrt{\varepsilon}\left(1 - \dfrac{G_m}{G_{f12}}\right)} \\[4mm] G_{23} = \dfrac{G_m}{1 - \sqrt{\varepsilon}\left(1 - \dfrac{G_m}{G_{f23}}\right)} \\[4mm] \nu_{12} = \nu_{13} = \varepsilon \nu_{f12} + (1-\varepsilon)\nu_m \\[2mm] \nu_{23} = \dfrac{E_{22}}{2G_{23}} - 1 \end{cases} \tag{6-24}$$

式中，ε 为纤维填充因子；E_{f1}、E_{f2}、G_{f12}、G_{f23} 分别为纤维的纵向拉伸、横向拉伸、纵向剪切和横向剪切模量；ν_{f12} 为纤维纵向泊松比；E_{11}、G_{12} 为纤维束纵向拉伸和纵向剪切模量，E_{22}、E_{33}、G_{13}、G_{23} 为纤维束的两个横向拉伸模量和两个横向剪切模量；ν_{12}、ν_{13} 为纤维束的横向泊松比；ν_{23} 为纤维束的纵向泊松比；E_m、G_m、ν_m 分别为基体的拉伸模量、剪切模量和泊松比。

▫ 表 6-5　纤维束的等效弹性性能

性能	E_{11}/GPa	$E_{22}(E_{33})$/GPa	$G_{12}(G_{13})$/GPa	G_{23}/GPa	$\nu_{12}(\nu_{13})$	ν_{23}
数值	168.05	10.07	5.06	3.54	0.25	0.42

纤维束在有限元分析中需要考虑材料的各向异性，添加材料的局部坐标系。图 6-7 给出了单胞模型中纤维束的局部坐标系（o-123）及其在整体坐标系（o-xyz）中的定义，其中，局部坐标系的 1 方向对应纤维束纵向方向，即 L 方向，2、3 方向对应纤维束横向方向，即 T、Z 方向。另外，内胞中包含 5 种不同走向的纤维束，分别为 4 种走向的编织纱和 1 种走向的轴向纱，其中走向相同的纤维束可以建立在同一组中，方便赋予相应的局部坐标系。

6.2.2　周期性边界条件

三维编织复合材料的周期性结构一般被称为代表性体积单胞（RVC）或者代表性体积单元（RVE）。其中，代表性体积单胞通过平移即可得到整体宏观结构材料，而代表性体积单元可以是 1 个单胞，也可以是 1/4 或者 1/8 单胞，需要

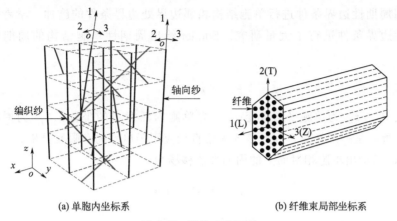

(a) 单胞内坐标系　　　　　　　(b) 纤维束局部坐标系

图 6-7　纤维束坐标系

经过平移、镜像和旋转才能得到整体宏观结构材料。由于代表性体积单胞比代表性体积单元的尺寸大，因此对其进行力学响应的计算量更大，但在相邻单胞边界处的边界条件施加比较容易，而代表性体积单元由于体积小、数量多，单元在进行力学响应时的计算量小，但相邻单元间边界条件施加的工作量非常大。目前计算机硬件已达到较高水平，没有必要为了减少计算量而增加边界条件的复杂程度，因此学者们一般采用通过平移对称即可得到宏观材料的代表性体积单胞进行材料力学性能的预测。周期性结构的说明如图 6-8 所示。

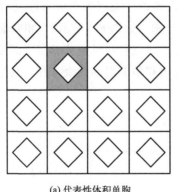

(a) 代表性体积单胞　　　　　　(b) 代表性体积单元

图 6-8　周期性结构

由于单胞是材料内部的一部分，在使用有限元方法进行单胞模型的力学响应时，需要添加边界条件使相邻单胞满足变形协调和应力连续条件。目前，一般采用周期性边界条件进行单胞结构相邻边界处边界条件的施加。学者们针对周期性边界条件进行了大量研究。Suquet给出周期性单胞结构的周期性位移场为

$$u_i = \bar{\varepsilon}_{ik} x_k + u_i^*$$ (6-25)

式中，$\bar{\varepsilon}_{ik}$ 为单胞平均应变；x_k 为单胞内任意点的坐标；u_i^* 为周期性位移修正量，是一未知量，因此该式无法直接应用于单胞的有限元分析。

Xia等给出单胞相对面上的周期性位移场为

$$u_i^{j+} = \bar{\varepsilon}_{ik} x_k^{j+} + u_i^*$$ (6-26)

$$u_i^{j-} = \bar{\varepsilon}_{ik} x_k^{j-} + u_i^*$$ (6-27)

式中，上标 $j+$、$j-$ 表示沿着 X_j 轴的正、负方向。

u_i^* 在周期性单胞结构的相对面上是相同的，可通过式（6-27）与式（6-26）做差将其消去。

$$u_i^{j+} - u_i^{j-} = \bar{\varepsilon}_{ik}(x_k^{j+} - x_k^{j-}) = \bar{\varepsilon}_{ik} \Delta x_k^j$$ (6-28)

Δx_k^j 在单胞结构的相对面上为一常数。若给定 $\bar{\varepsilon}_{ik}$，式（6-28）的右侧便为定值，因此，式（6-28）可改写成为

$$u_i^{j+}(x,y,z) - u_i^{j-}(x,y,z) = c_i^j \quad (i,j=1,2,3)$$ (6-29)

在有限元分析中，式（6-29）可以通过添加多点约束方程的方式实现周期性边界条件添加。并且，Xia等证明了式（6-28）满足应力连续条件。

将式（6-29）给出的周期性位移边界条件应用到单胞有限元分析中，对于长为 W_x、宽为 W_y、高为 h 的六面体单胞（如图6-9所示），相对面的节点需要满足1个方向上的约束方程，而相对棱边节点和相对角节点需要满足2个或3个方向的约束方程。给出针对相对面、棱边和角节点的约束方程，具体如下。

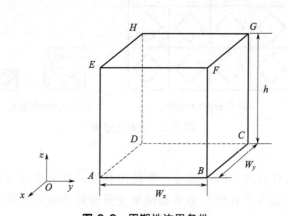

图 6-9 周期性边界条件

（1）相对面节点间约束方程

垂直 x 轴的相对面上

$$\begin{cases} u\,|_{x=W_x} - u\,|_{x=0} = W_x \varepsilon_x^0 \\ v\,|_{x=W_x} - v\,|_{x=0} = 0 \\ w\,|_{x=W_x} - w\,|_{x=0} = 0 \end{cases} \tag{6-30}$$

垂直 y 轴的相对面上

$$\begin{cases} u\,|_{y=W_y} - u\,|_{y=0} = W_y \gamma_{xy}^0 \\ v\,|_{y=W_y} - v\,|_{y=0} = W_y \varepsilon_y^0 \\ w\,|_{y=W_y} - w\,|_{y=0} = 0 \end{cases} \tag{6-31}$$

垂直 z 轴的相对面上

$$\begin{cases} u\,|_{z=h} - u\,|_{z=0} = h \gamma_{xz}^0 \\ v\,|_{z=h} - v\,|_{z=0} = h \gamma_{yz}^0 \\ w\,|_{z=h} - w\,|_{z=0} = h \varepsilon_z^0 \end{cases} \tag{6-32}$$

式中，ε_x^0、ε_y^0、ε_z^0、γ_{xy}^0、γ_{xz}^0、γ_{yz}^0 为材料的宏观应变；$x=W_x$、$y=W_y$、$z=h$ 为主平面，与之对应的 $x=0$、$y=0$、$z=0$ 为从平面。

（2）相对棱边间约束方程

单胞模型棱边可分为平行于 x 轴、y 轴、z 轴的 3 类。其中，平行于 z 轴的棱边，以 HD 为基准，棱边 EA、FB、GC 与 HD 间的线性约束方程为

$$\begin{cases} u_{EA} - u_{HD} = W_x \varepsilon_x^0 \\ v_{EA} - v_{HD} = 0 \\ w_{EA} - w_{HD} = 0 \end{cases} \tag{6-33}$$

$$\begin{cases} u_{FB} - u_{HD} = W_x \varepsilon_x^0 + W_y \gamma_{xy}^0 \\ v_{FB} - v_{HD} = W_y \varepsilon_y^0 \\ w_{FB} - w_{HD} = 0 \end{cases} \tag{6-34}$$

$$\begin{cases} u_{GC} - u_{HD} = W_y \gamma_{xy}^0 \\ v_{GC} - v_{HD} = W_y \varepsilon_y^0 \\ w_{GC} - w_{HD} = 0 \end{cases} \tag{6-35}$$

平行于 x 轴的棱边，以 AD 为基准边，棱边 BC、EH、FG 与 AD 间的线性约束方程为

$$\begin{cases} u_{BC} - u_{AD} = W_y \gamma_{xy}^0 \\ v_{BC} - v_{AD} = W_y \varepsilon_y^0 \\ w_{BC} - w_{AD} = 0 \end{cases} \tag{6-36}$$

$$\begin{cases} u_{EH} - u_{AD} = h \gamma_{xz}^0 \\ v_{EH} - v_{AD} = h \gamma_{yz}^0 \\ w_{EH} - w_{AD} = h \varepsilon_z^0 \end{cases} \tag{6-37}$$

$$\begin{cases} u_{FG} - u_{AD} = W_y \gamma_{xy}^0 + h \gamma_{xz}^0 \\ v_{FG} - v_{AD} = W_y \varepsilon_y^0 + h \gamma_{yz}^0 \\ w_{FG} - w_{AD} = h \varepsilon_z^0 \end{cases} \tag{6-38}$$

平行于 y 轴的棱边，以 CD 为基准边，棱边 BA、FE、GH 与 CD 的线性约束方程为

$$\begin{cases} u_{BA} - u_{CD} = W_x \varepsilon_x^0 \\ v_{BA} - v_{CD} = 0 \\ w_{BA} - w_{CD} = 0 \end{cases} \tag{6-39}$$

$$\begin{cases} u_{FE} - u_{CD} = W_x \varepsilon_x^0 + h \gamma_{xz}^0 \\ v_{FE} - v_{CD} = h \gamma_{yz}^0 \\ w_{FE} - w_{CD} = h \varepsilon_z^0 \end{cases} \tag{6-40}$$

$$\begin{cases} u_{GH} - u_{CD} = h \gamma_{xz}^0 \\ v_{GH} - v_{CD} = h \gamma_{yz}^0 \\ w_{GH} - w_{CD} = h \varepsilon_z^0 \end{cases} \tag{6-41}$$

(3) 相对角节点间约束方程

以节点 D 为基准，给出节点 A、B、C、E、F、G、H 与节点 D 间的线性约束方程

$$\begin{cases} u_A - u_D = W_x \varepsilon_x^0 \\ v_A - v_D = 0 \\ w_E - w_D = 0 \end{cases} \tag{6-42}$$

$$\begin{cases} u_B - u_D = W_x \varepsilon_x^0 + W_y \gamma_{xy}^0 \\ v_B - v_D = W_y \varepsilon_y^0 \\ w_B - w_D = 0 \end{cases} \quad (6\text{-}43)$$

$$\begin{cases} u_C - u_D = W_y \gamma_{xy}^0 \\ v_C - v_D = W_y \varepsilon_y^0 \\ w_C - w_D = 0 \end{cases} \quad (6\text{-}44)$$

$$\begin{cases} u_E - u_D = W_x \varepsilon_x^0 + h \gamma_{xz}^0 \\ v_E - v_D = h \gamma_{yz}^0 \\ w_E - w_D = h \varepsilon_z^0 \end{cases} \quad (6\text{-}45)$$

$$\begin{cases} u_F - u_D = W_x \varepsilon_x^0 + W_y \gamma_{xy}^0 + h \gamma_{xz}^0 \\ v_F - v_D = W_y \varepsilon_y^0 + h \gamma_{yz}^0 \\ w_F - w_D = h \varepsilon_z^0 \end{cases} \quad (6\text{-}46)$$

$$\begin{cases} u_G - u_D = W_y \gamma_{xy}^0 + h \gamma_{xz}^0 \\ v_G - v_D = W_y \varepsilon_y^0 + h \gamma_{yz}^0 \\ w_G - w_D = h \varepsilon_z^0 \end{cases} \quad (6\text{-}47)$$

$$\begin{cases} u_H - u_D = h \gamma_{xz}^0 \\ v_H - v_D = h \gamma_{yz}^0 \\ w_H - w_D = h \varepsilon_z^0 \end{cases} \quad (6\text{-}48)$$

6.2.3　复合材料宏观力学性能

借助有限元法进行单胞的力学响应，获取单胞的体积平均应力和体积平均应变，然后根据材料的应力应变关系求解材料刚度矩阵，最后计算得到材料的弹性常数。在不考虑热应变因素时，预测三维编织复合材料的弹性性能一般是施加单方向的位移载荷，分别是 3 个法向方向（1、2、3 方向）和 3 个切向方向（12、13、23 方向）。并且，单胞结构在施加位移载荷条件时，材料的应力应变关系为

$$\bar{\sigma}_i = [C] \bar{\varepsilon}_i \ (i = 1, 2, 3, 4, 5, 6) \quad (6\text{-}49)$$

式中，$\bar{\sigma}_i$、$\bar{\varepsilon}_i$ 为材料的宏观平均应力和宏观平均应变，i 取 1、2、3 时，$\bar{\sigma}_i$、$\bar{\varepsilon}_i$ 为 3 个拉伸方向的平均应力和平均应变，i 取 4、5、6 时，$\bar{\sigma}_i$、$\bar{\varepsilon}_i$ 为 3 个切向方向的平均应力和平均应变；$[C]$ 为复合材料的刚度矩阵。

$\bar{\varepsilon}_i$ 一般为给定的位移载荷，其数值大小与材料弹性常数的求解结果无关，本书求解材料弹性常数的位移载荷均取值为 20% 的应变。施加位移载荷，得到

单胞结构的力学响应结果后，利用式（6-50）对单胞结构的各应力分量进行体积平均得到宏观平均应力 $\bar{\sigma}_i$。

$$\bar{\sigma}_i = \frac{\sum\limits_{j=1}^{n_e} \sigma_i^j V_j}{\sum\limits_{j=1}^{n_e} V_j} \tag{6-50}$$

式中，n_e 为网格单元数量；j 为单胞模型网格单元编号；V_j 为编号为 j 的网格单元的体积。

宏观平均应变 $\bar{\varepsilon}_i$ 实质上是给定的位移载荷所产生的应变，数值已知。将 $\bar{\sigma}_i$ 和 $\bar{\varepsilon}_i$ 代入式(6-49) 即可得到材料的刚度矩阵，见式(6-51)。由于每组位移载荷都可以得到刚度矩阵中的 1 列，施加 6 组即可获得材料完整的刚度矩阵。

$$[C] = \begin{bmatrix} C_{11} & C_{12} & C_{13} & 0 & 0 & 0 \\ C_{21} & C_{22} & C_{23} & 0 & 0 & 0 \\ C_{31} & C_{32} & C_{33} & 0 & 0 & 0 \\ 0 & 0 & 0 & C_{44} & 0 & 0 \\ 0 & 0 & 0 & 0 & C_{55} & 0 \\ 0 & 0 & 0 & 0 & 0 & C_{66} \end{bmatrix} \tag{6-51}$$

材料的刚度矩阵和柔度矩阵互逆，可求得材料的柔度矩阵，见式(6-52)。

$$[S] = \begin{bmatrix} S_{11} & S_{12} & S_{13} & 0 & 0 & 0 \\ S_{21} & S_{22} & S_{23} & 0 & 0 & 0 \\ S_{31} & S_{32} & S_{33} & 0 & 0 & 0 \\ 0 & 0 & 0 & S_{44} & 0 & 0 \\ 0 & 0 & 0 & 0 & S_{55} & 0 \\ 0 & 0 & 0 & 0 & 0 & S_{66} \end{bmatrix} \tag{6-52}$$

在得到柔度矩阵后，可由式(6-53)求出材料的弹性常数。

$$\begin{cases} E_1 = 1/S_{11} \\ E_2 = E_3 = 1/S_{22} \\ G_{12} = G_{13} = 1/S_{66} \\ G_{23} = 1/S_{44} \\ v_{12} = v_{13} = -S_{12}/S_{11} \\ v_{23} = -S_{23}/S_{22} \end{cases} \tag{6-53}$$

6.3 复合材料力学性能有限元分析

6.3.1 细观单胞有限元模型

周期性边界条件的施加需要在周期性网格单元的基础上进行，周期性网格可以在 Hypermesh 中进行划分，具体方式是将单胞六面体上相对面间的网格进行映射划分，保证相对面上的网格节点一一对应即可。以 45°编织角、50%体积分数的单胞模型为例进行周期性网格单元划分，划分的网格模型如图 6-10 所示，网格模型节点数为 30374，单元数为 165556，单元类型为 C3D4 四面体网格单元。

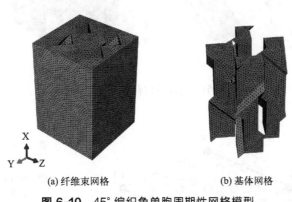

(a) 纤维束网格   (b) 基体网格

图 6-10 45°编织角单胞周期性网格模型

在有限元软件中通过建立集合，分组进行相同走向纤维束材料局部坐标系的添加。对于三维五向编织复合材料，需要为纤维束添加 5 种不同的材料局部坐标系，因此建立了 5 组纤维束的集合。图 6-11 给出了纤维束有限元模型材料局部坐标系的添加示意。

图 6-12 为单胞模型的周期性边界条件施加的示意图，其中参考点 RP1～RP6 的位置与位移载荷的数值相关，求解拉伸模量引入了参考点 RP4、RP5、RP6，参考点均在加载面的基础上沿加载方向向单胞外偏移了 1 个拉伸位移载荷的距离；求解剪切模量则引入了参考点 RP1、RP2、RP3，其与参考点 RP4 的间距分别为 3 个、2 个和 1 个拉伸位移载荷的距离。另外，参考点在对应单胞表面上的投影位于表面的中心。

求解拉伸模量 E_1、E_2、E_3，相对节点间施加的线性约束方程为

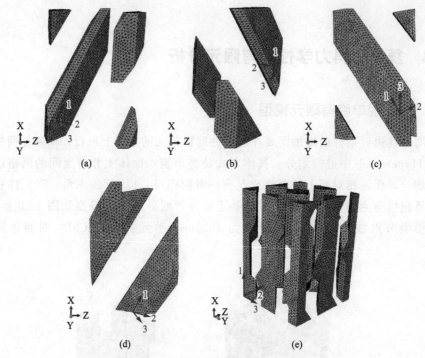

(a)

(b)

(c)

(d)

(e)

图 6-11 纤维束材料局部坐标系添加

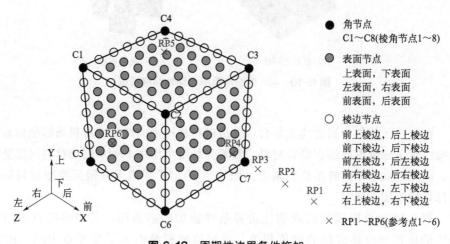

● 角节点
　C1~C8(棱角节点1~8)

● 表面节点
　上表面，下表面
　左表面，右表面
　前表面，后表面

○ 棱边节点
　前上棱边，后上棱边
　前下棱边，后下棱边
　前左棱边，后左棱边
　前右棱边，后右棱边
　左上棱边，左下棱边
　右上棱边，右下棱边

× RP1~RP6(参考点1~6)

图 6-12 周期性边界条件施加

$$A \times U_{\text{Set1}}^{DoF} + B \times U_{\text{Set2}}^{DoF} + C \times U_{\text{RP}(i)}^{DoF} = 0 \qquad (6\text{-}54)$$

式中，A、B、C 均为常系数；U_{Set1}^{DoF} 和 U_{Set2}^{DoF} 为节点集合在某一自由度上的位移，上标 DoF 为节点的自由度，自由度的取值为 1、2、3，下标 Set1、Set2

表示节点集合 1 和节点集合 2，相应的有表面节点、棱边节点和角节点集合；$U_{RP(i)}^{DoF}$ 为参考点在某一自由度上的位移，下标 RP(i) 表示参考点，i 取整数，范围为 1～6。

求解剪切模量 G_{12}、G_{13}、G_{23}，相对节点间施加的线性约束方程为

$$A \times U_{Set1}^{DoF} + B \times U_{Set2}^{DoF} + C \times U_{RP(i)}^{DoF} + D \times U_{RP(j)}^{DoF} + E \times U_{RP(k)}^{DoF} = 0 \quad (6\text{-}55)$$

式中，D、E 均为常系数；$U_{RP(i)}^{DoF}$、$U_{RP(j)}^{DoF}$、$U_{RP(k)}^{DoF}$ 为参考点在某一自由度上的位移；其余参数的含义均与式(6-54)一致。

文献［5］给出了求解拉伸模量和剪切模量的所有线性约束方程的具体表达式，在此不再赘述。由于单胞有限元模型相对面间的节点数量十分庞大，在 Abaqus 软件中手动添加约束方程的效率极低，因此本书参考阿伯丁大学开发的 EasyPBC 插件中周期性单胞相对节点约束方程的实现方法，借助 Python 语言实现了约束方程的批量添加，图 6-13 给出了相应流程。

在周期性网格单元模型的基础上，首先对单胞模型外表面的节点按照角节点—棱边节点—面内节点的顺序依次建立 Set，记录各节点的坐标值，并通过 max、min 命令得出单胞有限元模型在 x、y、z 方向坐标的极大值 Max、May、Maz 和坐标的极小值 Mnx、Mny、Mnz，然后通过坐标极大值与极小值的差值得出单胞模型的几何尺寸，定义长度为 L、宽度为 W、高度为 H。

在此基础上，进行参考点 RP1～RP6 的创建，分别对应剪切模量 G_{12}、G_{13}、G_{23} 和拉伸模量 E_1、E_2、E_3 的求解。表 6-6 给出了各参考点的坐标值与单胞模型坐标极值的关系式。

图 6-13 Python 添加线性约束方程的流程图

⊡ **表 6-6 参考点坐标值**

参考点	x	y	z
RP1	$Max + 0.8 * abs(Max - Mnx)$	$May - 0.5 * (May - Mny)$	$Maz - 0.5 * (Maz - Mnz)$
RP2	$Max + 0.6 * abs(Max - Mnx)$	$May - 0.5 * (May - Mny)$	$Maz - 0.5 * (Maz - Mnz)$
RP3	$Max + 0.4 * abs(Max - Mnx)$	$May - 0.5 * (May - Mny)$	$Maz - 0.5 * (Maz - Mnz)$
RP4	$Max + 0.2 * abs(Max - Mnx)$	$May - 0.5 * (May - Mny)$	$Maz - 0.5 * (Maz - Mnz)$
RP5	$Max - 0.5 * (Max - Mnx)$	$May + 0.2 * abs(May - Mny)$	$Maz - 0.5 * (Maz - Mnz)$
RP6	$Max - 0.5 * (Max - Mnx)$	$May - 0.5 * (May - Mny)$	$Maz + 0.2 * abs(Maz - Mnz)$

然后，进行节点的识别与编号。在对节点进行编号命名前，需要引入一个容差值，用来判断节点位置所处区域以及相对面、相对棱边和相对棱角间节点是否对应，容差值应小于最小网格单元尺寸的一半。利用 if 语句判断节点坐标与坐标极值、容差值间的关系，从而为节点进行命名分类编号，得到角节点、棱边节点和表面节点的坐标，并利用 len() 函数判断各相对面和相对棱边节点数量是否一致。随后，继续利用 if 语句对相对面、相对棱边节点进行判断，利用对应节点坐标的差值与容差值关系进行节点编号，若差值小于等于容差值，则将两节点编号为一组对应节点。随后，在保留节点命名编号的基础上，利用 zip() 函数创建 Abaqus 中单个节点的所有集合。

在此基础上，为求解单胞的弹性常数施加节点间的线性约束方程，并将位移载荷施加在参考点上，至此完成单胞有限元模型的前处理和求解设定。表 6-7 给出了求解不同弹性模量时位移载荷的施加方法。

▫ 表 6-7 位移载荷设定

弹性常数	施加参考点	U1	U2	U3	UR1/UR2/UR3
E_1	RP4	$0.2L$	0	0	0
E_2	RP5	0	$0.2W$	0	0
E_3	RP6	0	0	$0.2H$	0
G_{12}	RP1	$0.2L$	$0.2W$	0	0
G_{13}	RP2	$0.2L$	0	$0.2H$	0
G_{23}	RP3	0	$0.2W$	$0.2H$	0

6.3.2 力学响应结果及后处理

有限元模型添加边界条件后，求解得到单胞的力学响应。图 6-14 为 45°编织角、50%体积分数复合材料有限元模型在不同载荷下的细观力学响应结果，其中，拉伸载荷下响应结果的变形放大系数为 40，剪切载荷下的变形放大系数为 20。

由图 6-14 可以看出，单胞的力学响应结果满足应力连续和变形协调条件。在变形后，单胞的表面不再是一个平面，而是发生了翘曲，并且不同载荷下的翘曲程度不同。此外，在施加 x、y、z 三个方向的拉伸载荷时，轴向纱中应力最大，编织纱次之，而基体中最小，且轴向纱中最大应力出现在与编织纱、基体接触的位置；在施加 xy、xz、yz 三个方向的剪切载荷时，编织纱中应力最大，承担主要载荷，且最大应力出现在与轴向纱、基体接触的位置，并且编织纱间的接触区域应力数值较小。为了更加直观地说明编织纱、轴向纱和基体的受力情况，给出各部分的细观应力分布，如图 6-15 所示。

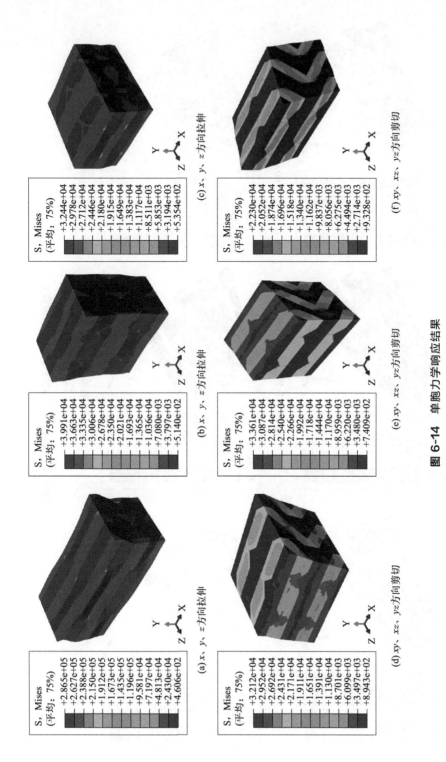

图 6-14 单胞力学响应结果

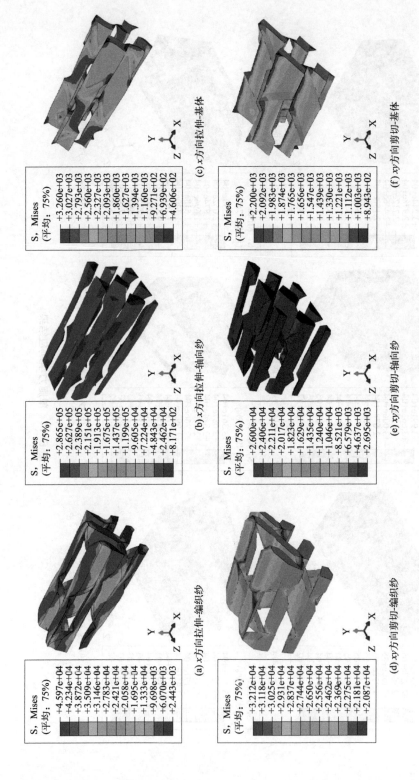

图 6-15　编织纱、轴向纱和基体细观应力

在获得单胞模型的力学响应结果后，利用刚度体积平均法进行材料弹性性能的预测。由于单胞模型网格单元数量较多，需借助 Python 语言进行各单元应力应变及单元体积的提取，随后利用式(6-50)求出体积平均应力，代入式(6-51)～式(6-53)求出材料的弹性常数，见表 6-8。并且将纵向拉伸模量 E_1 的预测结果（53.94GPa）与试验结果（53.00GPa）进行了对比，误差约为 2%，预测数值与试验数据吻合良好，表明了该方法的准确性。

▣ 表 6-8　45° 编织角三维五向编织复合材料的弹性常数

弹性性能	E_1/GPa	$E_2(E_3)$/GPa	$G_{12}(G_{13})$/GPa	G_{23}/GPa	$v_{12}(v_{13})$	v_{23}
数值	53.94	9.68	11.89	7.18	0.50	0.57

本章在分析三维五向圆形横向编织纱线运动规律基础上，将编织复合材料的最小研究单元，划分为内部单胞、上表面单胞和下表面单胞三种形式，通过对不同单胞的结构进行分析，构建了三种单胞物理特性预测的数学模型，通过编织运动过程纱线节点位置坐标变换，得到各种单胞模型中编织角度参数化计算公式。根据三种单胞模型中径向纱、轴纱和基体的位置关系，利用编织角度推导出三种单胞模型基体体积、纤维体积、纤维体积含量和质量等物理特性参数化计算公式。通过分析影响单胞质量的因素发现，随着花节长度和单胞内径的增大，单胞的质量正比例增加；随着径向纱线数和轴纱线数的增大，单胞的质量正比例减小。通过分析影响纤维体积含量的因素发现，随着花节长度和单胞内径的增大，单胞总纤维体积含量降低；随着径向纱线数 M 和轴纱线数 N 的增大，单胞总纤维体积含量增大。此外，利用数值分析的办法，对圆形横向编织复合材料三种单胞的力学特性进行了研究。推导出了圆形横向编织单胞任意纱线所在局部坐标系和整体坐标系之间的应力转换矩阵，利用应力转换矩阵通过体积平均法，对复合材料的力学性能参数进行预测。推导的三维五向圆形横向编织复合材料力学性能数值预测模型，充分考虑了单胞内径、单胞外径、径向纱线数、轴纱线数、单胞层高、花节长度、填充系数、编织纱横截面积和轴纱横截面积等各种编织参数，可定量分析不同编织参数对复合材料力学性能的影响。

另外，通过基于单胞的有限元法预测了三维五向矩形编织和 2.5D 编织复合材料的弹性性能，讨论了编织参数对弹性性能的影响规律。并结合单胞有限元模型的细观应力场分析了编织纱、轴向纱和基体在不同载荷下的承载情况。并且，详细给出了单胞结构的周期性边界条件以及在有限元软件中利用线性约束方程进行施加的方法。

参考文献

[1] Li S, Wongsto A. Unit cells for micromechanical analyses of particle-reinforced composites[J]. Mechanics of materials, 2004, 36（7）: 543-572.

[2] Suquet P M. Elements of homogenization for inelastic solid mechanics, homogenization techniques for composite media[J]. Lecture notes in physics, 1985, 272: 193.

[3] Xia Z, Zhang Y, Ellyin F. A unified periodical boundary conditions for representative volume elements of composites and applications[J]. International journal of solids and structures, 2003, 40（8）: 1907-1921.

[4] Xia Z, Zhou C, Yong Q, et al. On selection of repeated unit cell model and application of unified periodic boundary conditions in micro-mechanical analysis of composites. International Journal of Solids and Structures, 2006, 43（2）: 266-278.

[5] Omairey S L, Dunning P D, Sriramula S. Development of an ABAQUS plugin tool for periodic RVE homogenisation[J]. Engineering with Computers, 2019, 35（2）: 567-577.

第**7**章
三维编织碳纤维复合材料力学性能
影响规律研究

7.1 2.5D 编织复合材料力学性能影响规律

2.5D 编织复合材料其基本力学参数包括经向纱和纬向纱纱线密度、纱线填充因子、纤维体积分数等。本书以经向纱、纬向纱的纱线密度作为自变量，探究不同纱线密度下材料弹性模量、剪切模量和泊松比的变化规律，为材料的应用提供参考。

7.1.1 经向纱密度对复合材料力学性能的影响规律

根据前面对三种纱线截面力学性能预测结果的准确性的评估，本节选用六边形纱线截面结果作为对材料力学性能变化规律研究的截面形状。本书分别计算了经纱纱线密度为 2×5、4×5、5×5、6×5、8×5 时纱线的弹性性能的变化规律，其结果如图 7-1～图 7-3 所示。

如图 7-1 所示为随着经纱纱线密度的增大材料三个方向的弹性模量的变化。x 方向（E_{11}）为沿纬向纱方向；y 方向（E_{22}）为沿经向纱方向；z 方向（E_{33}）为沿厚度方向。由图可知，随着经向纱方向密度的增大，其经向纱方向的弹性模量逐渐增大，且增大幅度较大，近似呈现指数形式增长；其纬向纱方向和厚度方向增长幅度不大，基本保持不变。

如图 7-2 所示为材料的剪切模量随经向纱密度的增大的变化规律，随着经纱纱线密度的增大，剪切模量基本呈现整体增大的趋势，其中，xy 方向（G_{12}）的剪切模量增长幅度较大，xz 方向（G_{13}）平稳增长；yz 方向（G_{23}）增长较为缓慢。

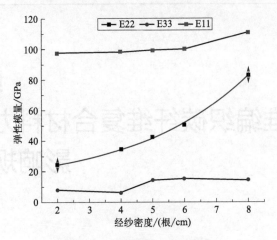

图 7-1　经纱密度与弹性模量

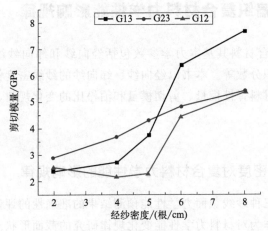

图 7-2　经纱密度与剪切模量

　　如图 7-3 所示为材料的泊松比随经向纱密度变化的规律，由图可知，随着经向纱密度的增大，各个方向的泊松比呈现整体减小的趋势，其中 U_{12} 和 U_{23} 变化较小，U_{13} 起伏较明显，可能由于计算存在误差，但整体仍呈现减小的趋势。

　　随着经向纱密度的增大，单胞长保持不变，单胞宽逐渐减小，单胞宽度方向经纱排列更加密集，经纱厚度逐渐增大趋近于正方形，进而使单胞的经向纱方向弹性性能增强；纬向纱方向由于单胞长不变，使得纱线间距保持不变，故而力学性能保持不变，厚度方向同理保持不变。

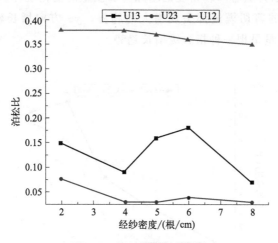

图 7-3 经纱密度与泊松比

7.1.2 纬向纱密度对复合材料力学性能的影响规律

当纬纱密度为 5×2、5×4、5×5、5×6、5×7 时，材料的刚度力学性能的变化规律介绍如下。

如图 7-4 所示，随着纬纱纱线密度的增大，沿纬向纱方向（E_{11}）材料的弹性模量逐渐增大；沿经向纱方向（E_{22}）材料的弹性性能逐渐减小；沿厚度方向（E_{33}）材料的弹性性能也有逐渐增大的趋势，但整体其弹性模量变化不大。

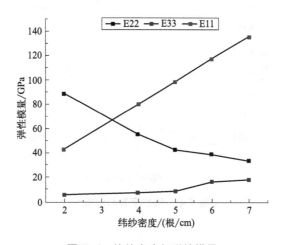

图 7-4 纬纱密度与弹性模量

如图 7-5 所示为随着纬纱密度的增加剪切模量的变化规律。随着纬纱密度的增大，三个方向的剪切模量都呈现增大的趋势，yz 方向增长较为缓慢，xy 和 xz 方向的剪切模量呈现一种指数级增长趋势。

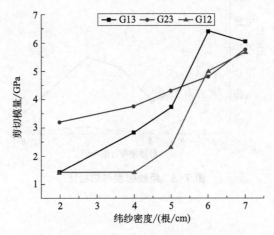

图 7-5 纬纱密度与剪切模量

如图 7-6 所示为随着纬纱密度的增加泊松比的变化规律。随着纬纱密度的增大，xy 方向的泊松比逐渐减小，而 xz 方向的泊松比呈现整体增大的趋势，yz 方向的泊松比则变化不是很明显。

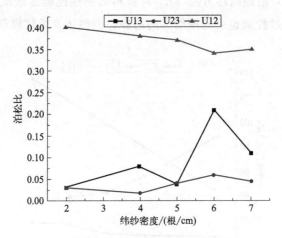

图 7-6 纬纱密度与泊松比

随着纬向纱密度增大，纬向纱截面的长度逐渐减小，宽度方向增大，同时，纬向纱间距逐渐减小，故而整体纬纱方向弹性性能逐渐增大；纬向纱厚度增大的同时，经向纱截面由于整体长宽保持不变，使得经向纱间距逐渐增大，经向纱方向的弹性模量逐渐减小。

7.2 三维矩形编织复合材料力学性能影响规律

7.2.1 编织角对复合材料力学性能的影响规律

对编织角与材料弹性性能的关联规律进行研究，利用有限元法给出典型编织角下单胞有限元模型的力学响应结果，如图 7-7 所示。

在有限元模型结果的基础上，利用刚度体积平均法得到了典型编织角度复合材料的弹性常数，见表 7-1。根据该预测结果给出了编织角对材料拉伸模量和剪切模量的影响规律，如图 7-8～图 7-12 所示。

⊡ 表 7-1 典型编织角度复合材料弹性性能预测结果（体积分数 50%时）

弹性常数	20°	25°	30°	35°	45°
E_1/GPa	97.77	89.58	80.45	72.62	53.94
E_2/GPa	8.69	8.78	8.93	9.01	9.68
E_3/GPa	8.69	8.78	8.93	9.01	9.68
G_{12}/GPa	6.40	7.71	9.03	9.71	11.89
G_{13}/GPa	6.40	7.71	9.03	9.71	11.89
G_{23}/GPa	2.92	3.23	3.75	4.37	7.18
ν_{12}	0.42	0.47	0.51	0.52	0.50
ν_{13}	0.42	0.47	0.51	0.52	0.50
ν_{23}	0.54	0.54	0.53	0.55	0.57

由图 7-8～图 7-12 可知，编织角在 20°～45°范围内，纵向拉伸模量随编织角增大线性下降，横向拉伸模量则增长越来越快；纵向剪切模量随编织角的增大而增大，但趋势逐渐减小，而横向剪切模量的增长趋势逐渐加快；纵向泊松比随编织角增大先增大后减小，而横向泊松比恰好相反，先减小后增大，且纵向泊松比的变化幅度远超横向泊松比。

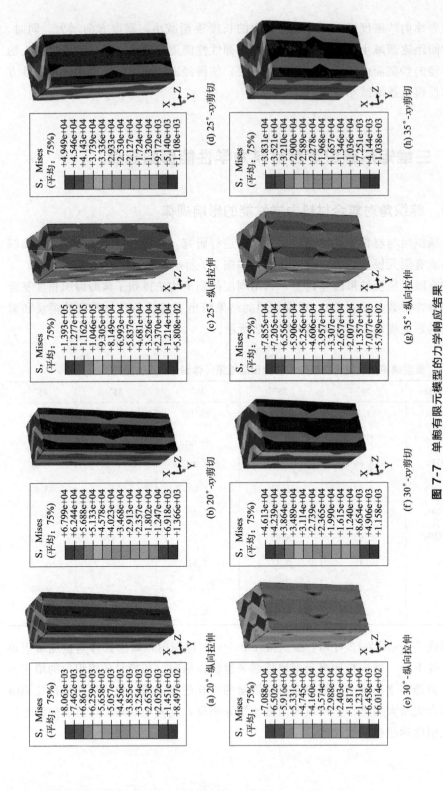

图 7-7 单胞有限元模型的力学响应结果

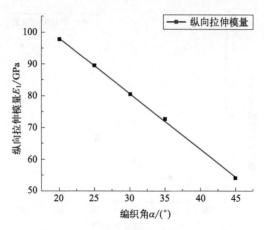

图 7-8 纵向拉伸模量与编织角关系

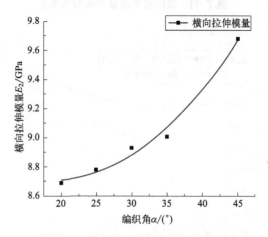

图 7-9 横向拉伸模量与编织角关系

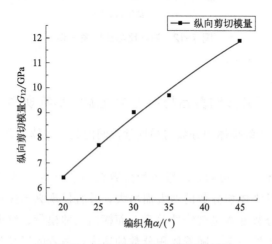

图 7-10 纵向剪切模量与编织角关系

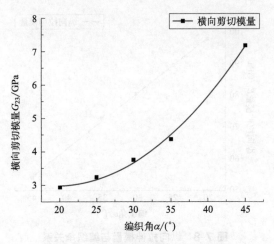

图 7-11 横向剪切模量与编织角关系

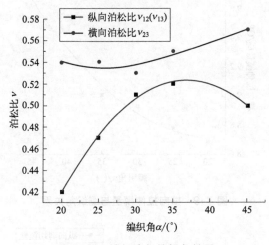

图 7-12 泊松比与编织角关系

7.2.2　纤维体积分数对复合材料力学性能的影响规律

　　同样地，研究了纤维体积分数与弹性常数间的关联规律，具体结果见图 7-13～图 7-18。

　　由图 7-13～图 7-16 可知，纤维体积分数在 30%～60% 范围内，材料的拉伸和剪切模量均随纤维体积分数的增大而增大，并且发现纵向拉伸模量、横向剪切模量与纤维体积分数基本呈现线性关系，而横向拉伸模量、纵向剪切模量与纤维体积分数呈现非线性关系，随着体积分数的增大，两者的增长趋势更加明显。

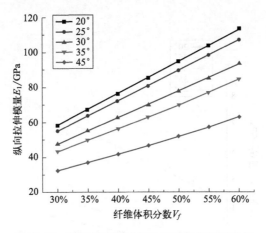

图 7-13 纤维体积分数与纵向拉伸模量的关系

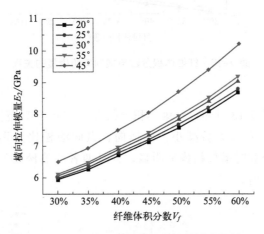

图 7-14 纤维体积分数与横向拉伸模量的关系

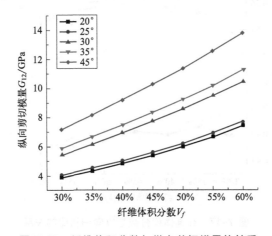

图 7-15 纤维体积分数与纵向剪切模量的关系

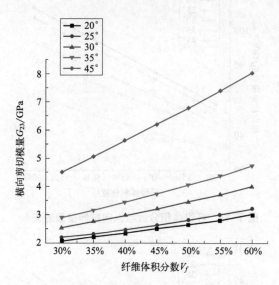

图 7-16 纤维体积分数与横向剪切模量的关系

由图 7-17、图 7-18 可知，纤维体积分数在 30％～60％范围内，泊松比随纤维体积分数的增大先增大后减小，而横向、纵向泊松比分别在 30％～40％和 30％～35％体积分数时增长趋势最明显，并且两者的泊松比分别在 55％和 45％体积分数时达到峰值。

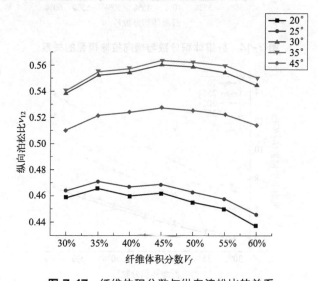

图 7-17 纤维体积分数与纵向泊松比的关系

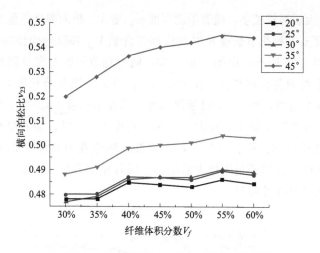

图 7-18　纤维体积分数与横向泊松比的关系

7.3　三维圆形编织复合材料力学性能影响规律

为了进一步分析三维五向圆形编织复合材料编织参数对于单胞力学性能的影响，利用本书所述的数学模型对编织参数影响单胞力学性能数值进行分析。取编织花节长度 $h=2\mathrm{mm}$，内部单胞内径 $R_{\mathrm{in}}=7\mathrm{mm}$，$M$ 和 N 分别为径向和轴向编织纱线数，$M=N=80$，内部单胞高度 $w_h=0.5\mathrm{mm}$，填充系数 $\varepsilon=0.61$。

单胞高度 w_h 和花节长度 h 对纱线体积含量 V_B 和横向弹性模量 E_r 的影响关系曲线如图 7-19 所示。由图 7-19 可知，随着花节长度 h 和单胞高度 w_h 增大，三维五向圆形编织复合材料纱线体积含量 V_B 降低。随着花节长度 h 增大，横向弹性

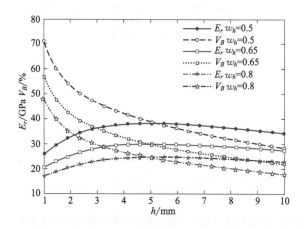

图 7-19　单胞高度和花节长度对纱线体积含量和横向弹性模量影响关系曲线

模量 E_r 先增大后缓慢减小，随着单胞高度 w_h 增大，横向弹性模量 E_r 减小。

单胞高度 w_h 和花节长度 h 对纱线体积含量 V_B 和纵向弹性模量 E_z 的影响关系曲线如图 7-20 所示，由图 7-20 可知，随着花节长度 h 和单胞高度 w_h 增大，三维五向圆形编织复合材料纱线体积含量 V_B 降低。当花节长度 $h<4$ 时纵向弹性模量 E_z 增大较快，当 $h>4$ 时缓慢增大。当花节长度 $h<3$ 时，随着单胞高度 w_h 增大，纵向弹性模量 E_z 增大。当花节长度 $h>3$ 时，随着单胞高度 w_h 增大，纵向弹性模量 E_z 减小。由图 7-21 可知，随着花节长度 h 的增大，纱线体积含量 V_B 降低，剪切模量先增大后减小。随着单胞高度 w_h 增大，纱线体积含量 V_B 和弹性模量线性降低。

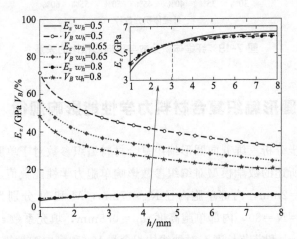

图 7-20 单胞高度和花节长度对纱线体积含量和纵向弹性模量影响关系曲线

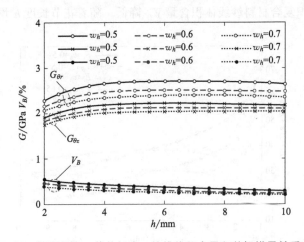

图 7-21 单胞高度、花节长度、纱线体积含量和剪切模量关系曲线

参考文献

[1] 杨甜甜 . 2.5D 机织 SiCf/SiC 复合材料细观结构及力学行为研究[D]. 无锡：江南大学，2021.

[2] 李居影，李莹，王荣惠，等 . 2.5 维编织复合材料经向拉伸弹性性能预测[J]. 兵工学报，2021，42（7）：1516-1523.

[3] Zhou H L，Li C，Han C C，et al. Effects of Microstructure on Quasi - Static Transverse Loading Behavior of 3D Circular Braided Composite Tubes [J]. Journal of Donghua University，2021，5：392-397.

[4] Du G W，Popper P. Analysis of a Circular Braiding Process for Complex Shapes [J]. Journal of the Textile Institute，1994，85（3）：316-337.

[5] 陈利，李嘉禄，李学明 . 三维四步法圆型编织结构分析[J]. 复合材料学报，2003，20（2）：76-81.

[6] Sun X K. Micro-Geometry of 3-D Braided Tubular Preform [J]. Journal of Composite Materials，2004，38（9）：791-798.

[7] 姜卫平，杨光 . 三维五向管状织物纱束轨迹及纤维体积分数的分析与研究[J]. 复合材料学报，2004，21（6）：119-125.

[8] 李典森，卢子兴，陈利 . 三维五向圆型编织复合材料细观分析及弹性性能预测[J]. 航空学报，2007，28（1）：123-130.

第 **8** 章
三维编织碳纤维复合材料应用研究

材料的应用水平与齿轮传动技术的发展存在着密切的关系，齿轮传动所使用的材料由木材、铜、铸铁到如今的各种钢材，同时伴随着相应一系列的齿面硬化技术的发展。而随着复合材料制备技术的不断发展，先进复合材料在各个领域大放异彩，从而逐步将其应用到齿轮上。齿轮是机械传动过程中的一个重要的组成部分，起着承载与传递的作用，而复合材料齿轮相较于金属齿轮在保持其优异的力学性能的同时重量至少减少了 50%，在齿轮制造业有非常大的发展潜力。

复合材料齿轮由于材料为各向异性，与普通的金属齿轮不同，故而建立出的复合材料齿轮数学模型也不尽相同。因此对复合材料齿轮的相关力学性能的研究也尤为重要。

本书以 2.5D 浅交弯联编织和三维五向编织复合材料齿轮为研究对象，建立相应的齿轮力学等效模型，采用前述模拟得到的材料参数，通过有限元分析软件 Abaqus 对其进行接触、弯曲等力学性能分析，同时计算了脉动加载下齿轮的最大弯曲应力，并与试验进行了对比，验证了材料力学性能分析的正确性，为三维编织复合材料的应用提供参考。

8.1 2.5D 编织复合材料齿轮

8.1.1 2.5D 编织复合材料齿轮啮合强度

（1）赫兹接触应力公式

虽然复合材料齿轮与普通的金属齿轮有所不同，但其仍然符合相应的齿轮力学性能变化规律。在 1881 年，赫兹首次提出了两个圆柱体接触时接触面载荷分布的公式，这是计算齿面强度的理论依据。1960 年，日本学者岛津在他所著

《机械原理》一书中给出了齿面强度计算公式；1963 年，英国学者 Barry 对齿根弯曲应变能进行了分析并得到了结果。

齿轮啮合传动过程中单双齿交替啮合，根据赫兹接触理论，直齿圆柱齿轮在单齿啮合时其受力面积最小，齿轮受力最大，而单齿啮合区域往往在节点附件，在计算过程中通常用一对圆柱代替直齿圆柱齿轮进行计算。根据弹性力学，齿轮啮合时的最大的接触应力在接触区域的中线处：

$$\sigma_H = \sqrt{\dfrac{F_n\left(\dfrac{1}{\rho_1}\pm\dfrac{1}{\rho_2}\right)}{\pi L\left(\dfrac{1-\mu_1^2}{E_1}+\dfrac{1-\mu_2^2}{E_2}\right)}} = Z_E\sqrt{\dfrac{F_n}{L\rho_\varepsilon}} \qquad (8\text{-}1)$$

$$Z_E = \sqrt{\dfrac{1}{\pi\left(\dfrac{1-\mu_1^2}{E_1}+\dfrac{1-\mu_2^2}{E_2}\right)}} \qquad (8\text{-}2)$$

其中，σ_H 为接触应力，MPa；F_n 为法向力，N；L 为接触线长度，mm；ρ_ε 为综合曲率半径，mm；$\rho_\varepsilon = \dfrac{p_1 p_2}{p_1 \pm p_2}$（正号为外接触，负号为内接触）；$Z_E$ 为材料弹性系数；E_1、E_2 分别为两圆柱体材料的弹性模量，MPa；μ_1、μ_2 分别为两圆柱体材料的泊松比。

如图 8-1 所示是一对外齿圆柱直齿轮相互啮合图，点 N_1、N_2 为两齿轮基圆公切线的切点，N_1N_2 为理论啮合线。O_2 为主动轮圆心，O_1 为从动轮圆心，A、B 为主动轮齿顶与从动轮啮合的起点位置，C、D 两点为单齿啮合点，齿轮啮合过程中 AD、CB 段为双齿啮合区，DC 段为单齿啮合区。

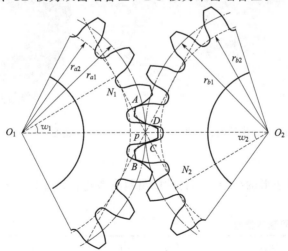

图 8-1　齿轮啮合

（2）齿轮啮合有限元分析

在各种传动系统中，齿轮传动一直是其中非常重要的一种形式，其应用广泛，能保持恒定功率传动，与其他传动装置相比优势更加明显。为了对齿轮的传动过程进行更深入的研究，使其能够更加平稳传动，对其传动过程的力学性能的分析则具有重要意义。复合材料齿轮作为一种新型材料齿轮，具有非常大的发展潜力，本书对 2.5D 编织复合材料齿轮传动过程中的力学性能进行相关分析，采用有限元软件 Abaqus 对齿轮传动过程进行模拟，分析其接触应力、弯曲应力等相关力学性能，为复合材料的实际齿轮应用提供指导。

① 齿轮参数　齿轮基本参数如表 8-1 所示。

▣ **表 8-1　齿轮参数**

项目	模数 m/mm	齿数 z	分度圆直径/mm	齿顶圆直径/mm	齿宽/mm
主动轮	5	20	100	110	20
从动轮	5	20	100	110	20

齿轮啮合的重合度为 1.56。根据齿轮参数在 SolidWorks 中生成相应的齿轮啮合模型，如图 8-2 所示，图 8-3 为试验所制的一对 2.5D 编织复合材料齿轮实物图。

图 8-2　齿轮啮合模型　　　　　　**图 8-3　2.5D 编织复合材料齿轮**

本书采用六边形的纱线截面得到的材料参数进行计算，见表 8-2。

▣ **表 8-2　齿轮计算基本参数**　　　　　　　　　　　　　　　　　　　　　GPa

项目	E_{11}	E_{22}	E_{33}	G_{12}	G_{13}	G_{23}	u_{12}	u_{13}	u_{23}
六边形	98.56	42.72	9.12	2.29	3.71	4.31	0.37	0.16	0.04

② 网格划分　由于需要对齿轮齿面进行细致的网格划分，以便能够更准确地得到其力学性能的变化规律，故本书采用网格划分软件 Hypermesh 对其进行网格划分。将一对建好的齿轮导入 Hypermesh 中，在网格划分过程中，网格密度过大时，虽然能使计算的结果更加准确，但是却会大大增加计算时的运算量，同时，网格密度太小会使计算的精度降低。故需选用适当的网格类型和网格密度，本书网格类型选用 C3D8R，同时划分的网格如图 8-4 所示，节点数目为579474，单元数目为 618240，通过后面与试验结果的对比可知划分的网格密度在合适的范围内。

图 8-4　齿轮网格划分

③ 边界条件　将划分好的网格导入有限元分析软件 Abaqus，对其施加合适的边界条件。将两个啮合齿轮分别耦合到左右齿轮的圆心处，对齿轮逆时针转动过程中可能会接触的表面设置接触，接触类型为表面与表面接触。然后对左右齿轮分别施加相应的位移和载荷约束，将齿轮的运动过程分为两步，初始状态将两圆心的约束点固定，第一步状态下将右齿固定，第二步放开右齿转动方向的自由度，左齿施加固定载荷，计算齿轮受力情况，如图 8-5、图 8-6所示。

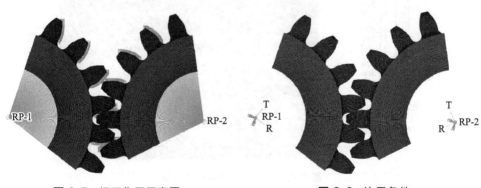

图 8-5　相互作用示意图　　　　　　　图 8-6　边界条件

④ 计算结果　通过 Abaqus 计算得到齿轮在啮合转动过程中的受力情况，如图 8-7 所示为齿轮啮合时所受的 Mises 应力云图。图中齿轮正处于单齿啮合区，

故其齿面所受最大应力位于节点附近，其所受最大 Mises 应力为 227.43MPa。

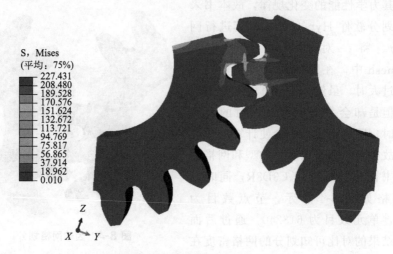

图 8-7　齿轮啮合 Mises 应力

最大弯曲应力：当施加 100N·m 的力矩时，主动轮和从动轮所受 Mises 应力分布如图 8-8 所示。由图可知，齿轮在齿根所受最大弯曲应力为 107.944MPa。

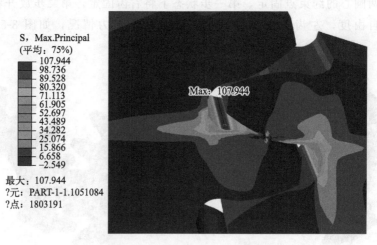

图 8-8　齿轮最大弯曲应力云图

如图 8-9 所示为主从动轮在啮合过程中的最大弯曲应力的变化情况，由图可知，主从动轮的最大弯曲应力呈现周期性变化，啮合过程分为双齿啮合区和单齿啮合区，双齿啮合区弯曲应力小，最大弯曲应力出现在单齿啮合区，且主动轮所受的最大弯曲应力略小于从动轮的最大弯曲应力。

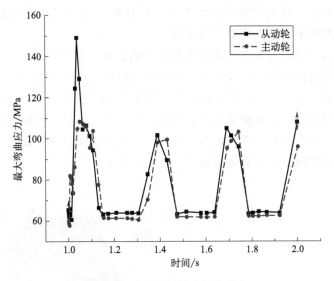

图 8-9 主从动轮最大弯曲应力

本书分别计算了 50～600N·m 间多个不同扭矩下齿轮所受弯曲应力的大小，并绘制出齿轮的弯曲应力随扭矩变化曲线图，如图 8-10 所示。在许用载荷范围内，齿轮的最大弯曲应力与扭矩呈线性变化关系。

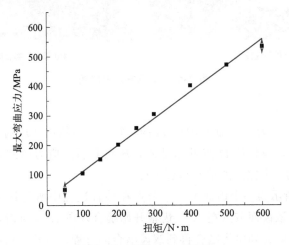

图 8-10 弯曲应力-扭矩图

接触应力：齿轮在运动过程中，相应齿轮不断接触啮合，在直齿圆柱齿轮啮合过程中，齿面沿轴线方向的节点受力情况基本相同，故而本书将三维齿轮简化为二维来分析其受力情况。本书选取主动轮上的一个轮齿作为研究对象，如图 8-11(a) 所示。选取单侧从齿顶 A 到齿根 D 处的 19 个节点作为研究对象，分析在啮合过程中不同节点所受应力变化。

齿轮的齿廓可以分为双齿啮合区和单齿啮合区，以从动轮的一个齿为参考，齿根和齿顶附近的区域为双齿啮合区域，中间区域为单齿啮合区，如图 8-11(b) 所示。在静力学分析中，单齿接触面上的接触应力大于双齿齿面上的接触应力，所以中间的单齿啮合区域被认为是最容易损坏的区域。但是双齿啮合区域由于突然的冲击，其所受载荷非常高，甚至可能大于单齿啮合区域的载荷，因此，齿根和齿顶附近的区域也很容易受到损伤，需加以考虑。

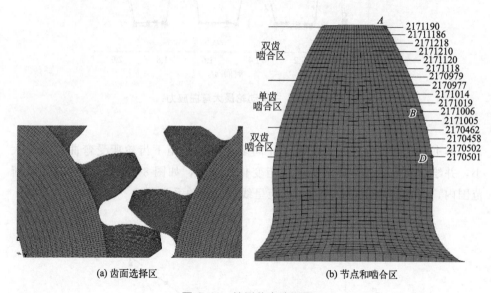

(a) 齿面选择区　　　　　　　　　(b) 节点和啮合区

图 8-11　单侧节点选取图

如图 8-12 所示为当施加 100N·m 的力矩时，齿轮单面从啮入到啮出齿轮所受应力变化云图，齿轮从 D 点开始啮入，B 点其所受应力达到最大值，然后从 A 点啮出，形成一个完整的单面啮合过程。

如图 8-13 所示为一个齿面上各个节点在啮合过程中所受接触应力的变化情况，由图可知，该齿面节点在 1.1s 齿根开始啮合，在 1.7s 时齿顶结束啮合。齿面经历了从双齿啮合到单齿啮合再到双齿啮合的过程，齿轮单齿啮合过程中的最大接触应力为 222.7MPa，同时 2171190 为齿顶处的节点，其所受接触应力最大

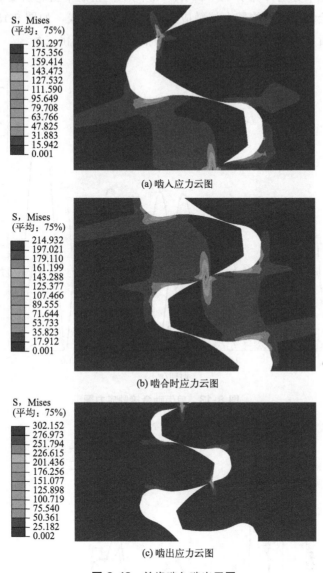

S，Mises
(平均：75%)
191.297
175.356
159.414
143.473
127.532
111.590
95.649
79.708
63.766
47.825
31.883
15.942
0.001

(a) 啮入应力云图

S，Mises
(平均：75%)
214.932
197.021
179.110
161.199
143.288
125.377
107.466
89.555
71.644
53.733
35.823
17.912
0.001

(b) 啮合时应力云图

S，Mises
(平均：75%)
302.152
276.973
251.794
226.615
201.436
176.256
151.077
125.898
100.719
75.540
50.361
25.182
0.002

(c) 啮出应力云图

图 8-12　单齿啮入啮出云图

是由于齿顶圆在接触瞬间线接触产生应力集中所导致。

　　如图 8-14 所示为齿轮在一个弧度过程中主从动轮最大接触应力随时间的变化曲线，由图可知，当齿轮平稳运行时，齿轮的最大接触应力呈现周期性变化，在周期性变化的同时其最大接触应力基本保持不变，同时主动轮的最大接触应力大于从动轮。

同样，本书分别计算了 50～600N·m 间不同扭矩下齿轮所受最大接触应力的大小，并绘制出齿轮的最大接触应力随扭矩变化曲线，如图 8-15 所示。在许用载荷下，齿轮的最大接触应力与扭矩基本呈非线性变化关系。

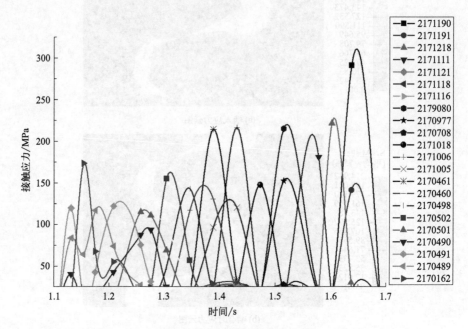

图 8-13 单齿啮合接触应力图

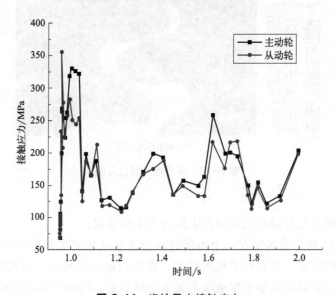

图 8-14 齿轮最大接触应力

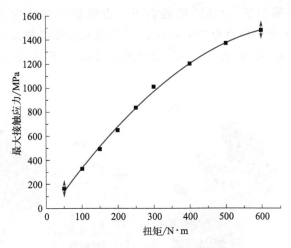

图 8-15 最大接触应力-扭矩图

8.1.2 2.5D 编织复合材料齿轮弯曲应力-脉动法

(1) 仿真分析

由于在实际试验过程中,齿轮经过多次加载后会出现压溃现象,并不能得到其弯曲疲劳强度,故本书只模拟齿轮在静态加载下的弯曲应力情况,以验证材料力学性能的正确性。本书通过 Abaqus 对其进行齿轮最大弯曲应力的模拟。

① 载荷及边界 所用齿轮模型与进行弯曲和接触应力分析的模型一致,故对模型的基本参数不再赘述。载荷及边界条件的施加如图 8-16 所示,对齿轮的内圈圆施加固定约束,在第三个齿上施加沿 z 轴方向的竖直向下的表面载荷。

② 有限元结果 试验分别测试了在 14kN 和 15kN 下齿轮的弯曲应力,有限元分析过程中分别对三种纱线截面下齿轮的最大弯曲应力进行了有限元模拟,试验所得结果如图 8-17~图 8-22 所示。

由图可知,在六边形纱线截面下,14kN 的载荷下,齿根处的最大弯曲应力

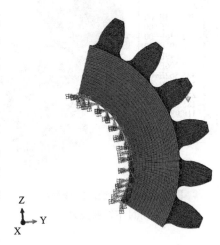

图 8-16 载荷及边界条件

为 873.87MPa，在 15kN 的载荷下，齿根处的最大弯曲应力为 936.28MPa；在"跑道"形纱线截面下，14kN 的载荷下，齿根最大弯曲应力为 768.3MPa，15kN 下齿根最大弯曲应力为 823.2MPa；在凸透镜形纱线截面下，14kN 的载荷下，齿根最大弯曲应力为 785.423MPa，15kN 下齿根最大弯曲应力为 841.5MPa。

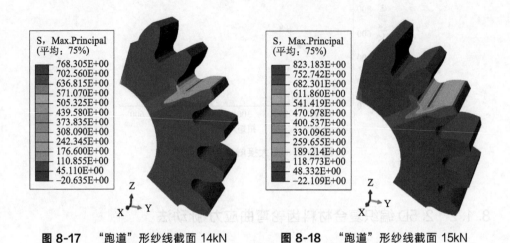

图 8-17　"跑道"形纱线截面 14kN　　　　图 8-18　"跑道"形纱线截面 15kN
　　　　　下弯曲应力　　　　　　　　　　　　　　　下弯曲应力

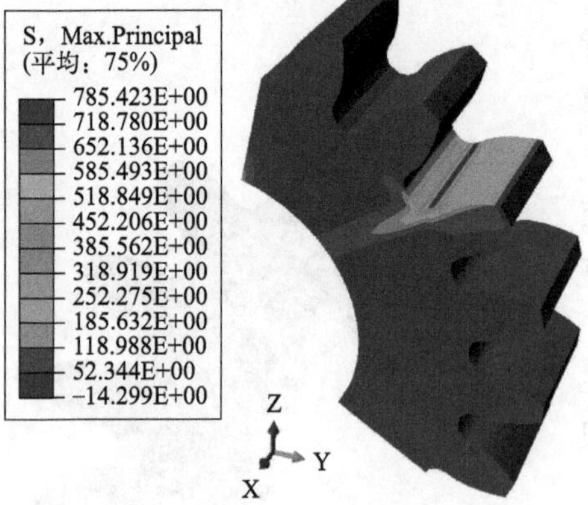

图 8-19　凸透镜形纱线截面　　　　　　　图 8-20　凸透镜形纱线截面
　　　　　14kN 下弯曲应力　　　　　　　　　　　　15kN 下弯曲应力

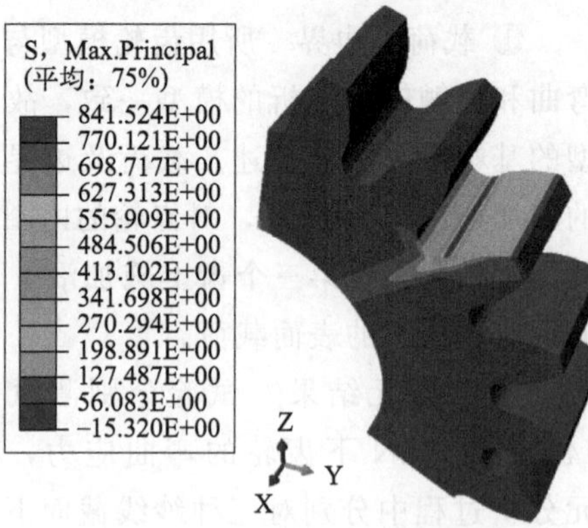

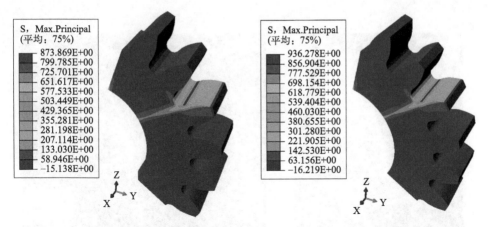

图 8-21 六边形纱线截面 14kN 下弯曲应力　　**图 8-22** 六边形纱线截面 15kN 下弯曲应力

（2）齿轮弯曲应力试验

齿轮试验装置根据运转方式的不同，可分为运转式和非运转式两种。运转式是齿轮转动时施加载荷进行测试的装置，常用于对齿轮进行扭转振动试验、齿轮弯曲强度检测、齿轮疲劳强度检测等。非运转式是一种在齿轮静止时施加载荷进行测试的装置，脉动加载法是齿轮在静止时施加一定速度的载荷检测齿轮的装置。本书用脉动加载法测试了齿轮最大弯曲应力。

① 试验原理　为了详细了解 2.5D 编织复合材料齿轮的弯曲强度，本书按照《齿轮弯曲疲劳强度试验方法》（GB/T 14230—2021）测定齿轮的最大弯曲应力。试验原理如图 8-23 所示。

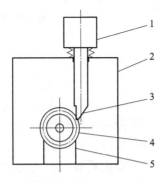

图 8-23 脉动型试验原理

1—脉动加载装置；2—机架；3—加载压头；4—试验齿轮；5—固定夹具

② 试验装置　试验装置如图 8-24、图 8-25 所示。

图 8-24　加载锤头

图 8-25　齿轮固定夹具

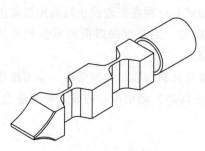

图 8-26　新型加载锤头

对于齿轮的弯曲试验夹具来说，首先得保证夹具在试验时不会发生损坏，影响试验进行，然后要保证载荷作用在准确位置，最后还要保证加载的载荷能够均匀分布。

为保证载荷的均匀分布，试验所用加载锤头采用新型锤头，如图 8-26 所示，锤头形状设置为具有多个凹面状，这是为了若施加的载荷分布不均时，锤体的薄处会产生相应的变形来调整载荷。

③ 试验结果　试验齿轮在脉动加载点产生的齿根弯曲应力按如下公式进行计算：

$$\sigma'_F = \frac{F_t Y_{FE} Y_{SE} Y_\beta Y_B}{b m_n Y_{ST} Y_{\delta relT} Y_{RrelT} Y_X} \tag{8-3}$$

式中，σ'_F 为脉动加载状态下循环特性系数 $r \neq 0$ 时的齿根应力，MPa；F_t 为试验齿轮端面内分度圆周上的名义切应力，N；Y_{FE} 为作用于 E 点的轮廓系数；Y_{SE} 为载荷作用于 E 点时的应力修正系数；Y_β 为弯曲强度计算时的螺旋角系数；Y_B 为轮齿厚度系数；b 为齿宽，mm；m_n 为法向模数；Y_{ST} 为与标准试验齿轮尺寸有关的应力修正系数；$Y_{\delta relT}$ 为相对齿根圆角敏感系数；Y_{RrelT} 为相对齿根表面状况系数；Y_X 为弯曲强度计算的尺寸系数。

公式中的参数根据 GB/T 3480.3—2021 来确定。根据相应标准计算得到的参数数值见表 8-3。

◻ **表 8-3 弯曲应力参数**

参数	数值	参数	数值
F_t	12458.86/13348.78	Y_{FE}	12.58
b	20	Y_{SE}	0.868
m_n	5	Y_β	1
Y_{ST}	2	Y_B	1
$Y_{\delta relT}$	1	Y_X	1
Y_{RrelT}	1		

根据上式计算得到在 14kN 的载荷下齿轮的齿根弯曲应力为 1016MPa，在 15kN 载荷下的齿轮的齿根弯曲应力为 1089.5MPa。两次分析与试验结果进行对比，如表 8-4 所示。

◻ **表 8-4 齿轮最大弯曲应力试验对比**

项目	14kN	15kN
试验值 1/MPa	848.135	907.827
试验值 2/MPa	847.141	956.294
"跑道"形/MPa	768.305	823.183
凸透镜形/MPa	785.423	841.524
六边形/MPa	873.869	936.278
理论分析/MPa	1016	1089.5
"跑道"形截面误差/%	9.4%/9.3%	9.32%/13.9%
凸透镜形截面误差/%	7.39%/7.29%	7.3%/12.1%
六边形截面误差/%	3%/3.16%	3.12%/2.1%
理论误差/%	19.8%/19.9%	20%/14.8%

由表可知，两种载荷下的试验结果与三种纱线截面下的有限元分析结果误差均在 15% 以内，可验证有限元结果的正确性，进而可以验证材料有限元结果的正确性；同时三种纱线截面下六边形纱线截面的两种载荷下的误差均在 5% 以内，可验证六边形纱线截面的准确性，故而对齿轮啮合的接触与弯曲力学性能的分析均采用六边形纱线截面数据。而理论误差与试验结果相差较大，分析原因可能为国标试验弯曲应力计算公式针对的为金属齿轮，对于复合材料齿轮误差较大。

8.2　三维五向编织复合材料齿轮

8.2.1　三维五向编织复合材料齿轮啮合有限元模型

本书制备的三维五向编织复合材料齿轮为直齿圆柱齿轮，为方便描述，由三维五向编织复合材料制备的直齿圆柱齿轮在书中均简称为复合材料齿轮。复合材料齿轮的制备流程为：采用 1×1 的矩形四步法编织得到 T300 纤维束编织预成型体，浸入 PEEK 基体中经过高温固化等工艺制备得到复合材料齿轮初始样件，最后经过机械裁减获得齿轮零件，具体流程见图 8-27。

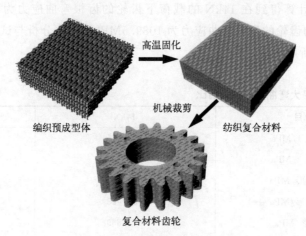

图 8-27　复合材料齿轮制备流程

此外，由于材料的横观各向同性，为保证齿轮在啮合加载过程中均匀承载，制备齿轮时选择材料 2、3 主轴方向为齿轮面内方向，1 方向为齿宽方向。由于复合材料齿轮的内部细观结构十分复杂，加之齿轮模型尺寸较大，若从细观角度出发，考虑纤维束和基体两相构建复合材料齿轮啮合有限元模型，进行啮合仿真分析，对计算机的算力水平要求过高。并且，进行啮合仿真的目的为获取齿轮啮合时的应力水平以及传动性能以指导工程实践应用。因此，本书基于均质化思想对有限元模型进行简化处理，将齿轮整体考虑为横观各向同性的宏观均质材料。

本书选择在 Abaqus/Standard 中进行复合材料齿轮啮合问题的求解。不过由于 Abaqus 软件建立复杂几何模型的能力较差，因此在 Creo7.0 软件中完成了齿

轮副几何模型的创建，并忽略了齿轮的小孔特征。表 8-5 给出了算例齿轮的基本
参数。

▫ 表 8-5　算例齿轮基本参数

轮齿	齿数 z	模数 m/mm	标准压力角 α/(°)	分度圆直径 d/mm	齿顶圆直径 d_a/mm	齿根圆直径 d_f/mm
主动轮	20	5	20	100	110	87.5
从动轮	20	5	20	100	110	87.5

进行有限元分析时，结构化网格利于求解收敛，并且齿轮啮合仿真分析对于接触区域的网格质量要求较高。而有限元前处理软件 HyperMesh 对于复杂模型的网格处理十分专业，因此选择在 HyperMesh 中进行齿轮结构化网格的划分。另外，为控制计算成本，选取六齿模型进行有限元模型的构建。为划分高质量的结构网格，首先对轮齿的几何模型进行切分，切分结果如图 8-28 所示。根据轮齿结构的对称性和不同区域网格密度的要求，将轮齿切分成 8 个部分，其中，区域 1、8 包含接触区域，网格密度要求最高，区域 2、3、6、7 为齿根部位，体现轮齿的弯曲情况，

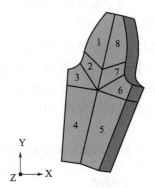

图 8-28　轮齿表面切分

相较区域 1 和 8 可适当降低网格密度，区域 4、5 既不参与接触也不发生弯曲，该区域对网格密度的要求最低。

计算接触应力时，接触面积是否真实准确决定了计算结果的准确性，而接触面积与接触区域的网格密度有关，密度越大，接触面积计算更加准确，因此需要保证齿面接触区域拥有足够多的网格单元数量。为验证齿轮有限元模型在接触区域的网格密度是否满足要求，本章后所列文献［4］将有限元模型试算结果与基于赫兹接触理论的解析法求解结果进行对比，确定了满足精度要求的网格密度。而赫兹接触理论适用于各向同性材料，本书的材料为各向异性，无法直接将有限元模型求解结果与解析法求解结果进行对比。因此，本书采用各向同性的齿轮钢材料（$E=207$GPa，$\nu=0.25$）进行有限元模型试算，并将结果与赫兹公式求解结果进行对比，确定了轮齿啮合接触区域的网格密度。碳纤维三维五向编织复合材料较齿轮钢材料而言，其弹性模量明显要小，因此，若是采用齿轮钢材料的有限元模型的网格密度满足精度要求，则对于该网格模型，采用碳纤维三维五向编织复合材料也同样满足要求。

赫兹接触理论指出，直齿轮在节点附近为单齿啮合区域，应重点关注节点处

的接触应力。一对渐开线直齿圆柱齿轮在节点处的接触情况可以简化为两中心轴线平行的弹性圆柱体，当圆柱体受压接触时，最大接触应力为

$$\sigma_H = \sqrt{\dfrac{F_n\left(\dfrac{1}{\rho_1} \pm \dfrac{1}{\rho_2}\right)}{\pi b\left(\dfrac{1-\nu_1^2}{E_1} - \dfrac{1-\nu_2^2}{E_2}\right)}} \tag{8-4}$$

式中，F_n 为法向接触力；ρ_1、ρ_2 为两齿廓在节点处的曲率半径，与等效圆柱的半径相等；E_1、E_2、ν_1、ν_2 为两啮合齿轮的弹性模量和泊松比；b 为齿宽。

对于最终确定的网格模型，将有限元法求解的接触应力与解析法进行了对比，对比结果见表 8-6。由表可知，有限元法和解析法对于接触应力求解结果的相对误差不超过 10%，此时的网格密度对于接触应力的求解已趋于稳定。因此，可以采用该网格模型进行后续复合材料齿轮的啮合仿真分析，网格模型如图 8-29 所示。此时单元数为 590080，节点数为 642964，单元类型为 C3D8R 六面体结构减缩积分单元。

▫ 表 8-6 有限元法与解析法求解结果对比

啮合位置	有限元法接触应力 σ_1/MPa	解析法接触应力 σ_2/MPa	相对误差 $\Delta\sigma$/%
1	399.5	386.7	3.3
2	391.4	388.0	0.9
3	373.6	389.8	4.2
4	363.1	384.1	5.4
5	365.8	384.8	4.9
6	356.1	384.0	7.3
7	369.8	385.4	4.1
8	368.6	390.4	5.6

齿轮啮合时，轮齿绕齿轮轴线进行旋转，但是 Abaqus 软件中的三维实体单元不具有转动自由度，因此，为了便于有限元模型载荷约束的添加，在齿轮孔内壁与孔中心之间建立了刚性元，在孔内壁表面与孔中心参考点（RP-1、RP-2）间建立耦合约束，将主从动轮上的加载均施加在参考点上。建立的刚性元远离齿轮，对齿轮应力分布的影响可以忽略。另外，在两齿轮可能接触的齿面上建立接触关系，接触设定选择 Finite sliding 的接触面滑动方式以及 Surface to Surface 的离散方法。耦合约束及接触面设定如图 8-30 所示。

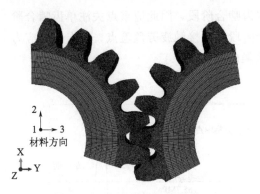

图 8-29　六齿齿轮网格模型

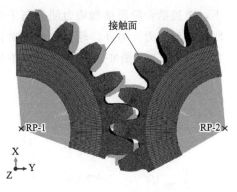

图 8-30　耦合约束及接触面设定

8.2.2　三维五向编织复合材料齿轮啮合强度

算例齿轮采用从动轮施加 100N・m 转矩、主动轮施加 1rad/s 的恒定转速作为加载条件。根据有限元模型求解结果，给出啮合关键时刻的 Mises 应力云图，如图 8-31 所示，图 8-31(a)、(c) 为单齿的啮入时刻和啮出时刻，图 8-31(b)、(d) 为双齿啮合和单齿啮合阶段。

(a) 啮入时刻　　　　(b) 双齿啮合　　　　(c) 啮出时刻　　　　(d) 单齿啮合

图 8-31　关键啮合时刻 Mises 应力

另外，提取单齿一个啮合周期内的接触应力数据，绘制轮齿最大接触应力变化曲线，如图 8-32 所示。

由图 8-32 可知，齿轮啮合呈现出单双齿啮合交替的周期性，且在单双齿啮合的交替时刻，存在齿顶与齿根间的边缘接触区域，该区域产生了应力集中现象，数值为 227.1MPa，如图 8-33 所示；在不考虑边缘接触产生应力集中的情况下，单齿啮合阶段接触应力明显高于双齿啮合阶段，因此应重点关注单齿啮合阶段的接触应力；另外，轮齿在单齿啮合阶段存在接触疲劳危险点，该点接触应力为165.7MPa，图8-34给出了该点的接触应力云图。

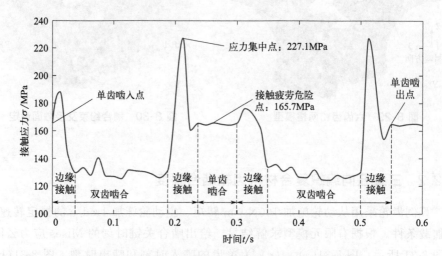

图 8-32　100N·m 转矩下轮齿最大接触应力变化曲线

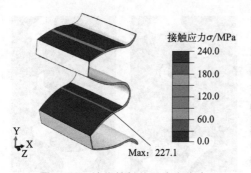

图 8-33　边缘接触位置应力集中

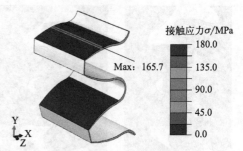

图 8-34　接触疲劳危险点处接触应力

为定量研究加载条件与复合材料齿轮啮合接触应力间的数值关系，本书对不同转矩条件下的齿轮啮合过程进行了有限元计算。施加了8组不同的转矩，根据计算结果绘制转矩与接触应力变化曲线，如图8-35所示。由图8-35可知，最大接触应力随着转矩的增大而增大，但是增大的幅度逐渐减小。这是因为对弹性体而言，载荷增大的同时也导致了接触面积的增大。该现象符合赫兹接触规律。

提取齿轮接触区域外的 Mises 应力得到齿轮啮合弯曲应力数据，绘制弯曲应力变化曲线，如图8-36所示。由图8-36可知，轮齿在单齿啮合阶段的弯曲应力明显大于双齿啮合阶段，且最大弯曲应力出现在单双齿啮合的交替时刻，不过主动轮最大弯曲应力出现在单齿到双齿啮合的交替点，该点为主动轮齿的啮入点，而从动轮恰好相反，出现在双齿到单齿啮合的交替点，该点为主动轮齿的啮出点；这是因为在单齿啮合阶段，啮合点在主动轮上由齿根向齿顶方向移动，在从动轮上由齿顶向齿根方向移动，随着啮合位置的改变，主动轮、从动轮齿根处与啮合点之间的距离即力矩发生改变，而从动轮在单齿啮合初始时刻力矩最大，因此弯曲应力峰值出现在该时刻，此后则呈现逐渐下降的趋势，而主动轮弯曲应力峰值出现在单齿啮合结束时刻，因此在单齿啮合阶段内弯曲应力一直增大；主动轮受到的最大弯曲应力为 51.3MPa，从动轮为 54.1MPa，且均位于齿根过渡圆弧区域，该区域易发生弯曲疲劳断裂，如图 8-37、图 8-38 所示。

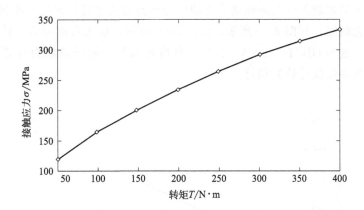

图 8-35 转矩与接触应力变化曲线

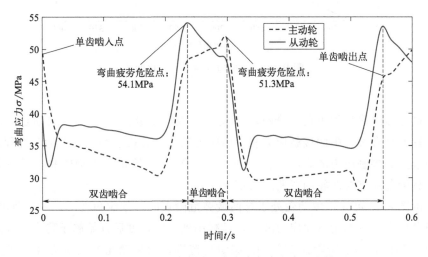

图 8-36 齿轮啮合过程最大弯曲应力变化曲线

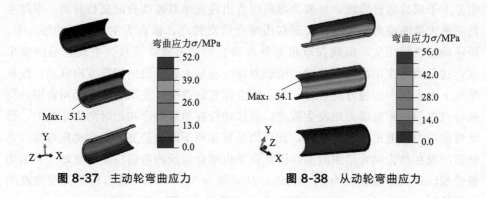

图 8-37 主动轮弯曲应力   **图 8-38** 从动轮弯曲应力

  同样地对加载条件与齿轮啮合弯曲应力的数值关系进行研究，绘制转矩与弯曲应力变化曲线，如图 8-39 所示。由图 8-39 可知，最大弯曲应力与转矩之间呈线性关系，这与 GB/T 3480.3—2021《直齿轮和斜齿轮承载能力计算 第 3 部分：轮齿弯曲强度计算》相符。

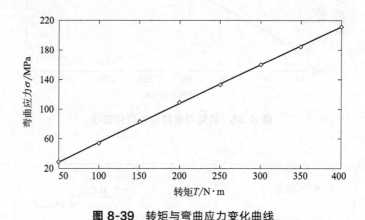

图 8-39 转矩与弯曲应力变化曲线

  进行多组典型编织角复合材料齿轮（纤维体积分数为 50%）的啮合仿真分析，提取啮合过程中的接触应力和弯曲应力数值，分析了编织角对啮合过程轮齿弯曲应力和接触应力的影响规律。图 8-40、图 8-41 给出了主动轮和从动轮处于弯曲疲劳危险点时两轮的弯曲应力情况。

  由图 8-40 可知，主动轮处于弯曲疲劳危险点时，编织角在 20°～45°范围内，编织角增大，主动轮弯曲应力减小，且减小到一定程度后开始趋于稳定，稳定值约为 51MPa，稳定阶段为 35°～45°编织角范围，而从动轮弯曲应力经历了先减

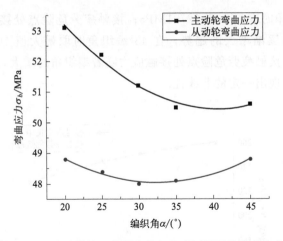

图 8-40 主动轮处于弯曲疲劳危险点时两轮的弯曲应力

小后增大的趋势，弯曲应力数值在30°编织角时达到最小，最小值为48MPa。

由图 8-41 可知，从动轮处于弯曲疲劳危险点时，从动轮上弯曲应力在 20°~
30°编织角范围内小幅度下降，但在 30°~45°编织角范围内上升趋势明显，在 45°
时弯曲应力达到峰值，为 54.1MPa，主动轮上弯曲应力呈现出先减小后增大的
趋势，在 35°编织角时最小，为 47.3MPa。

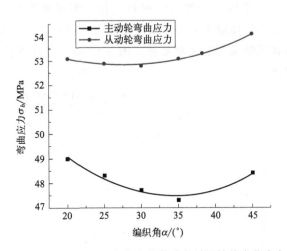

图 8-41 从动轮处于弯曲疲劳危险点时两轮的弯曲应力

图 8-42 给出了齿轮啮合过程中编织角与轮齿接触应力的关联规律。由图可
知，在 20°~45°编织角范围内，随着编织角的增大，集中接触应力数值逐渐减

小，在 45°编织角时取最小值 227.1MPa；接触疲劳危险点处接触应力数值则恰好相反，呈现出逐渐增大的趋势，在 45°编织角时取最大值 165.7MPa；并且，集中接触应力和接触疲劳危险点处接触应力随着编织角的增大，其变化趋势均是逐渐加快的，呈现出一定的非线性。

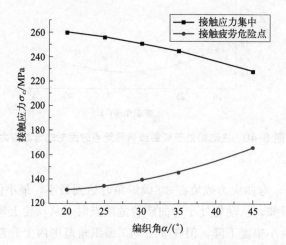

图 8-42 接触应力集中与接触疲劳危险点

进行多组典型纤维体积分数复合材料齿轮（编织角为 20°）的啮合仿真分析，提取啮合过程中的接触应力和弯曲应力数值，分析了纤维体积分数与啮合过程轮齿弯曲应力和接触应力的关联规律。图 8-43 给出了纤维体积分数与轮齿弯曲应力的关联规律。

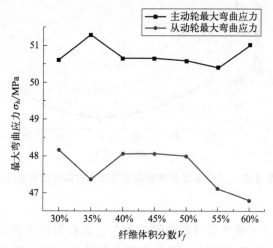

图 8-43 纤维体积分数与轮齿弯曲应力的关联规律

由图 8-43 可知，主动轮与从动轮弯曲应力数值之和基本维持在一个稳定范围内，两轮上的弯曲应力总是保持动态平衡，当主动轮弯曲应力减小时从动轮弯曲应力增大，反之亦然。

图 8-44 给出了纤维体积分数与轮齿集中接触应力的关联规律，在 30%～60%纤维体积分数范围内，集中接触应力随纤维体积分数的增大而增大，且增大的趋势逐渐加快。当纤维体积分数达到 60%时，集中接触应力已达到 404.9MPa。

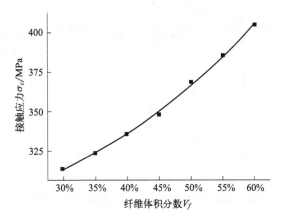

图 8-44　纤维体积分数与轮齿接触应力的关联规律（接触应力集中）

8.2.3　三维五向编织复合材料齿轮传动性能

采用图 8-29 所示的有限元模型对齿轮传动的重合度和传递误差等传动性能参数进行分析，算例采用 20°编织角、50%纤维体积分数的复合材料作为材料输入，主、从动轮分别施加 1rad/s 的转速和 100N·m 的转矩。

齿轮在加载啮合时，接触齿面间会产生法向接触力，且在轮齿产生的变形均为弹性变形时，该接触力会随对间的接触分离而立即消失。轮齿参与啮合的时间为该轮齿上接触力产生到消失的时间。由此，重合度为单齿参加啮合的时间 ΔT 与相邻两齿进入啮合的时间差 Δt 的比值

$$\varepsilon = \frac{\Delta T}{\Delta t} \tag{8-5}$$

提取齿面接触点的法向接触力峰值，绘制接触点接触力时间历程曲线，如图 8-45 所示。由图 8-45 可知，单齿啮合阶段的接触点接触力明显大于双齿啮合阶段，在啮入和啮出时刻，轮齿接触力存在一个激增，这是由于啮合轮齿在工作时由于主从动轮的接触点速度存在差异导致了啮合接触冲击。单齿啮合和双齿啮

合阶段，接触点的接触力峰值分别约 11.6N 和 9.3N，单齿啮合阶段约为双齿啮合阶段的 1.26 倍。由式(8-5) 计算得到编织角为 20°、纤维体积分数为 50% 的编织参数下，加载为 100N·m 时齿轮啮合的重合度为 1.80。

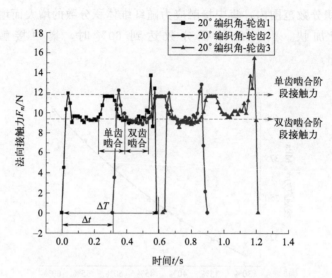

图 8-45　接触点法向接触力峰值时间历程曲线

齿轮啮合在理论上传动比恒定，若主动轮转过的角度为 $\Delta\varepsilon_1$，从动轮转过的角度应为 $\Delta\varepsilon_2 = \Delta\varepsilon_1 z_1/z_2$。但在实际过程中，受到加载的影响，其并非为定传动比，从动轮转角存在一定偏差，偏差为

$$\Delta\varepsilon = \Delta\varepsilon_2 - \frac{\Delta\varepsilon_1 z_1}{z_2} \tag{8-6}$$

根据有限元模型计算结果，将主动轮和从动轮绕轴线的转角代入式(8-6)，可以得到齿轮啮合的静态传递误差曲线，如图 8-46 所示。

由图 8-46 可知，在不考虑齿轮啮合初始和啮合结束阶段时，齿轮啮合的静态传递误差呈现出良好的周期性，并且与齿轮的单齿啮合和双齿啮合阶段相关。另外，齿轮在单齿啮合阶段的传递误差明显大于双齿啮合阶段，这是由于单齿啮合阶段轮齿承载高于双齿啮合阶段，使得从动轮轮齿变形增大，转角相对减小，导致啮合误差增大。另外，算例齿轮副的最大静态传递误差和最小静态传递误差分别为 −0.00614rad 和 −0.00430rad。

采用 100N·m、125N·m、150N·m、175N·m 和 200N·m 的 5 种加载方式分析加载与齿轮传动性能的关联规律。由式(8-5) 计算得到纤维体积分数为 50%、编织角为 20°、加载为 100N·m、125N·m、150N·m、175N·m 和

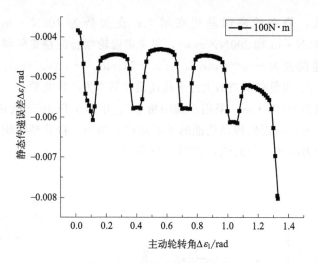

图 8-46 静态传递误差曲线

200N·m 时齿轮啮合的重合度分别为 1.80、1.86、1.84、1.90 和 1.96。由于有限元模型求解的步长间隔不够小，对于轮齿啮入和啮出的时间的提取存在一定偏差，因此在中轻载时（100～150N·m），重合度与载荷间的关联规律不够明显，但是在考虑重载（175N·m、200N·m）时，可以得出随着载荷的增大，齿轮啮合重合度逐渐增大的结论。这是因为载荷增大，单齿参加啮合的时间 ΔT 逐渐增大，而相邻两齿进入啮合的时间差 Δt 基本不变，导致了重合度的增大。

图 8-47 给出了不同载荷下复合材料齿轮啮合的静态传递误差曲线。由图可

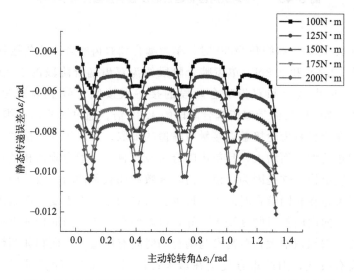

图 8-47 不同载荷下复合材料齿轮啮合的静态传递误差曲线

知，载荷增大，静态传递误差也在增大；在加载为 100N·m、125N·m、150N·m、175N·m 和 200N·m 时，仅考虑齿轮啮合的稳定阶段，齿轮啮合的最大静态传递误差为 −0.00614rad、−0.00735rad、−0.00854rad、−0.00977rad 和 −0.01094rad，可见载荷与最大静态传递误差基本为线性关系。

齿轮加载为 100N·m，采用小编织角 20°、中编织角 30°、大编织角 45° 的基础参数分析编织角与齿轮传动性能的关联规律，给出 3 种典型编织角复合材料齿轮接触点接触力时间历程曲线，如图 8-48 所示。

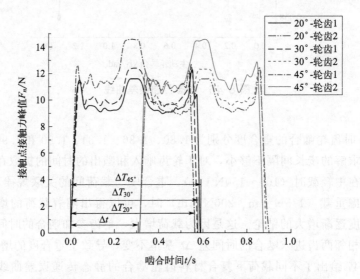

图 8-48 不同编织角齿轮啮合的接触点接触力峰值曲线

由图 8-48 可知，编织角为 30° 时，单齿啮合和双齿啮合阶段的接触点接触力峰值分别为 12.4N 和 9.8N，单齿啮合阶段约为双齿啮合阶段的 1.29 倍；编织角为 45° 时，单齿啮合和双齿啮合阶段的接触点接触力峰值分别为 14.6N 和 11.1N，单齿啮合阶段约为双齿啮合阶段的 1.32 倍。通过对相同纤维体积分数、不同编织角复合材料齿轮接触点接触力峰值的提取，可以发现：接触点接触力峰值随着编织角的增大而增大，且单齿啮合阶段接触点接触力峰值相较双齿啮合阶段的增大幅度更快。这是因为：由于齿轮参数和加载条件均一致，所以不同编织角复合材料齿轮在相同啮合时间时，接触区域总的接触力不变，而编织角增大使得齿面 2 个方向内的材料刚度增大，导致接触面积减小，因此接触点接触力峰值增大；此外，编织角增大，单齿参与啮合的时间有所增大，而相邻两齿进入啮合的时间差没有改变，因此重合度也在增大；根据式（8-5）计算得到 20°、30° 和 45° 编织角复合材料齿轮啮合的重合度分别为 1.80、1.84 和 1.88。

给出 3 种典型编织角复合材料齿轮啮合的静态传递误差曲线，如图 8-49 所示。由图 8-49 可知，复合材料齿轮的编织角与齿轮静态传递误差的周期性无关，但是随着编织角的增大，静态传递误差逐渐减小；并且，发现编织角与静态传递误差之间并非线性相关关系，而是随着编织角增大，传递误差减小的速度有所加快，这与材料的刚度增大有关；另外，在齿轮加载啮合的稳定阶段，20°、30° 和 45° 编织角复合材料齿轮的最大静态传递误差分别为 −0.00614rad、−0.00563rad、−0.00464rad，最小静态传递误差分别为 −0.00444rad、−0.00405rad、−0.00328rad。

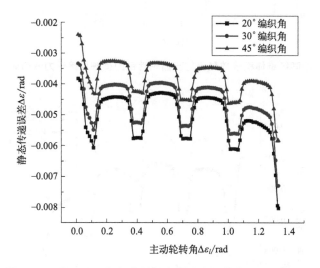

图 8-49 典型编织角复合材料齿轮啮合的静态传递误差曲线

采用小体积分数 40％、中体积分数 50％ 和大体积分数 60％ 的基础参数分析纤维体积分数与齿轮传动性能的关联规律，给出 3 种典型纤维体积分数复合材料齿轮接触点接触力峰值时间历程曲线，如图 8-50 所示。

由图 8-50 可知，复合材料齿轮的纤维体积分数由 40％ 增长到 50％ 时，齿轮啮合的接触点峰值接触力有一定程度的增大，而由 50％ 增长到 60％ 时，接触点峰值接触力数值几乎没有改变。由此可以猜测，齿轮啮合的接触点峰值接触力在一定纤维体积分数范围内，随着体积分数的增大而增大，当体积分数增大到一定程度时，接触点峰值接触力将不随体积分数的增大而增大。此外，由图 8-50 还可以发现，纤维体积分数不对复合材料齿轮啮合的重合度产生影响。另外，给出 3 种典型纤维体积分数复合材料齿轮啮合的静态传递误差曲线，如图 8-51 所示。

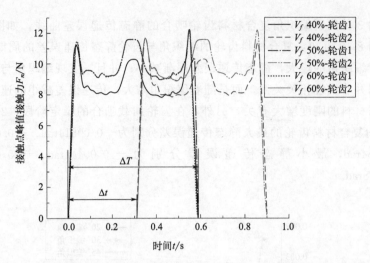

图 8-50 不同纤维体积分数复合材料齿轮啮合的接触点接触力峰值时间历程曲线

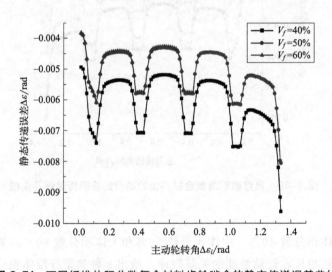

图 8-51 不同纤维体积分数复合材料齿轮啮合的静态传递误差曲线

由图 8-51 可知,与编织角相同的是,复合材料齿轮的纤维体积分数同样与齿轮静态传递误差的周期性无关;并且,纤维体积分数由 40% 增大到 50% 时,齿轮啮合的静态传递误差有所减小,而体积分数由 50% 增大到 60% 时,齿轮啮合的静态传递误差变化不大,由于纤维体积分数影响材料的弹性性能,可能是当材料的弹性模量到达一定阈值时,其对齿轮啮合的传递误差影响不大,而在低于这个阈值时,传递误差随着纤维体积分数的增大而减小;另外,在齿轮加载啮合的稳定阶段,纤维体积分数为 40%、50% 和 60% 时,齿轮啮合的最大静态传递误差分别为−0.00327rad、−0.00291rad、−0.00291rad，最小传递误差分别为−0.00182rad、−0.00164rad、−0.00164rad。

8.2.4 三维五向编织复合材料齿轮与金属齿轮性能对比

为了对比碳纤维复合材料齿轮与金属齿轮的啮合性能，采用与复合材料齿轮分析相同的有限元模型，对一对金属齿轮的啮合过程进行仿真分析，提取啮合过程中的接触应力和弯曲应力，如图 8-52 所示。金属齿轮的材料属性为 $E = 207GPa$，$\nu = 0.25$。

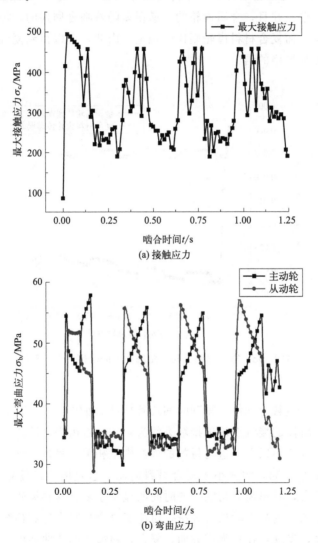

图 8-52　金属齿轮啮合过程应力时间历程曲线

将图 8-52 与复合材料齿轮啮合的接触应力和弯曲应力曲线进行对比，可以发现：不论是金属齿轮还是复合材料齿轮，齿轮啮合时的接触应力、弯曲应力时间历程曲线的变化规律基本一致。不过对于金属齿轮，接触冲击现象更加明显，且最大接触应力达到 460MPa，约为复合材料齿轮的 2 倍，双齿啮合阶段接触应力约为 210MPa，约为复合材料齿轮的 1.6 倍，说明复合材料齿轮在接触强度方面尚不及金属齿轮；此外，发现复合材料齿轮的弯曲强度与金属齿轮基本相当，单齿啮合阶段的弯曲强度均在 55MPa 左右。

给出复合材料齿轮与金属齿轮静态传递误差的对比，如图 8-53 所示。由图 8-53 可知，金属齿轮啮合的静态传递误差明显大于复合材料齿轮，约为复合材料齿轮的 6 倍。并且，金属齿轮的传递误差随着啮合周期的增加，其误差有一定程度的减小，而复合材料齿轮则比较稳定。由此，可以得到复合材料齿轮较金属齿轮传动更加平稳的结论。

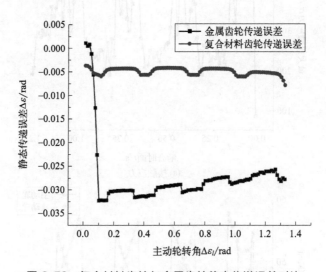

图 8-53 复合材料齿轮与金属齿轮静态传递误差对比

提取接触点接触力峰值，得到时间历程曲线，如图 8-54 所示。由图 8-54 可知，单齿啮合阶段的接触点峰值接触力约为 40N，双齿啮合阶段约在 20N，均为复合材料齿轮的 2 倍以上，这与材料的弹性模量相关。另外，计算得到金属齿轮的啮合重合度为 1.54，明显小于复合材料齿轮，这是因为齿轮钢材料比复合材料的弹性模量大，其单齿参与啮合的时间明显少于复合材料齿轮。

通过齿轮啮合的静力学仿真分析，对比了复合材料齿轮和传统金属材料齿轮性能上的差异，发现：在静强度方面，复合材料齿轮的弯曲强度与金属齿轮基本

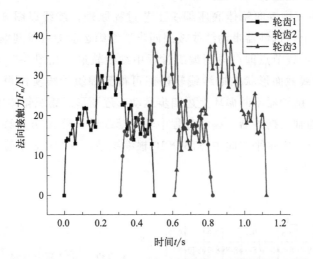

图 8-54　金属齿轮啮合接触点法向接触力峰值时间历程曲线

相当，而接触强度与金属齿轮存在一定差距；在传动性能方面，复合材料齿轮的重合度和传递误差均优于金属齿轮。因此，对于一些非重载、非高速情况下的齿轮传动应用，可以选择碳纤维三维编织复合材料代替金属材料，提高系统的传动性能。

8.3　三维五向编织复合材料减速箱

8.3.1　三维编织箱体的编织工艺原理和三维建模

随着编织技术的成熟和生产成本的降低，三维编织复合材料的应用领域越来越广泛，然而，将编织复合材料应用在减速器箱体等零件方面的研究较少。

本节在国内外研究者对矩形和异形编织研究的基础上，通过两级齿轮传动系统箱体模型的结构特点，得出了三维五向复合材料箱体的编织和成型原理，根据编织原理和纱线运动规律建立了编织箱体的三维实体模型，通过对复合材料编织箱体进行有限元静力学分析，研究编织复合材料箱体中基体和纤维的受力情况，通过对复合材料编织箱体进行有限元模态分析，研究编织复合材料与传统材料箱体固有频率差异。

为了提高三维编织箱体的工艺性，本书将编织箱体设计为由几部分拼接而成的结构，根据两级齿轮传动系统箱体模型的结构特点，可将三维五向箱体编织的模型整体分编织底座和箱体壁两部分。

图 8-55 为三维五向箱体底座编织工艺过程原理，纱线以图 8-55 中（a）初始位置的基础上，携纱器带动纱线按照四步法编织运动即可得到编织过程中的纱线节点，拟合纱线节点即可得到编织过程中纱线轨迹，如图 8-55 中（b）所示，之后，定义纱线截面形状扫描纱线轨迹即可得到编织纱线实体模型，如图 8-55 中（c）所示。携纱器不断循环上述四步运动，逐渐形成编织箱体底座纱线轨迹。图（a）中·为轴向携纱器，编织过程中轴向携纱器只沿 X 方向移动，不沿 Y 方向移动。图（a）中水平方向主体部分 10 根编织纱，$N=10$，竖直方向主体部分 7 根编织纱，$M=7$。

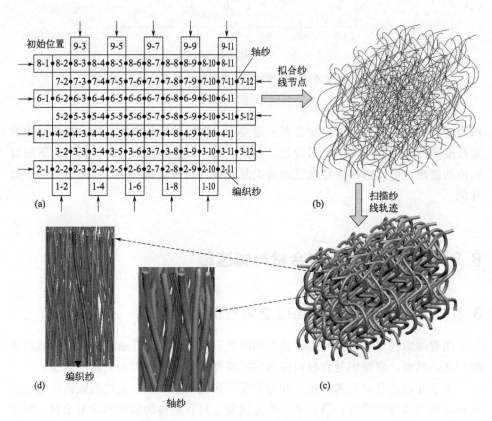

图 8-55 三维五向箱体底座编织工艺过程

同理，图 8-56 为三维五向箱体壁的编织原理，以图 8-56 中（a）所示的纱线位置为初始状态，纱线按照四步法运动即可得到编织箱体壁的纱线轨迹，如图（b）所示，扫描纱线轨迹即可得到箱体壁的三维实体模型，如图（c）所示。

图 8-56 中，b_1 为编织箱体内壁宽度，L_1 为编织箱体内壁长度。由于齿轮传动系统箱体上面一般需要设计加强筋，因此，必须在图 8-56 编织箱体壁的基础上增加加强筋部分的编织。

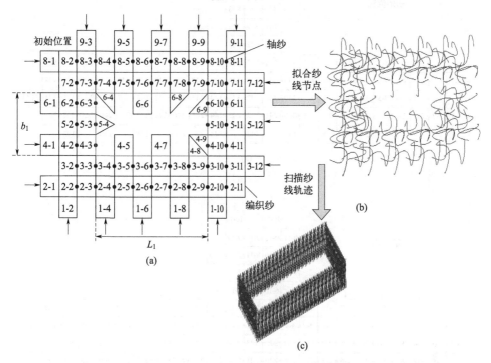

图 8-56　三维五向箱体壁编织工艺过程

图 8-57 为三维五向箱体加强筋编织工艺过程，按照图 8-57 所示的四步法编织，即可得到箱体和加强筋部分。图 8-58 为三维五向箱体加强筋局部编织模型，图 8-58 中 1 为箱体轴纱，2 为加强筋编织纱，3 为箱体编织纱，4 为加强筋轴纱。图 8-56 和图 8-57 所述的两种编织方式叠加，即可制成三维五向复合材料箱体纱线预制件模型，之后将纱线预制件与基体复合、压紧、固化，从而制成三维五向复合材料箱体构件。

在对编织复合材料箱体三维建模过程中，主要是利用上述编织原理得到纱线的运动轨迹，之后在软件中扫描轨迹得到编织箱体纱线的三维实体模型，然后，通过和基体模型的布尔运算，得到编织箱体的三维实体模型。

本书建立的三维模型如图 8-59 所示，设计采用由编织底座和箱体两部分拼接的结构实现对复合材料箱体的设计，图 8-59 中通过固定螺栓 3 将复合材料底座 1 和箱体壁 5 固定，为了防止拼接位置出现漏油，在底座和箱体之间设计密封圈（图 8-59 中 4 部分）。

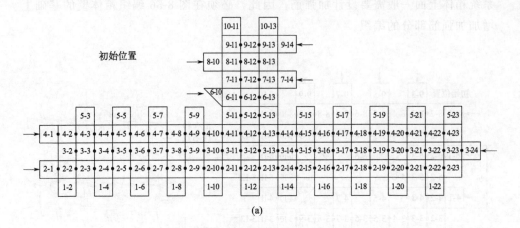

(a)

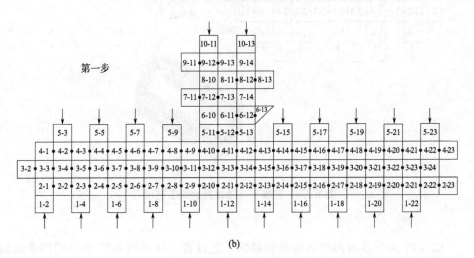

(b)

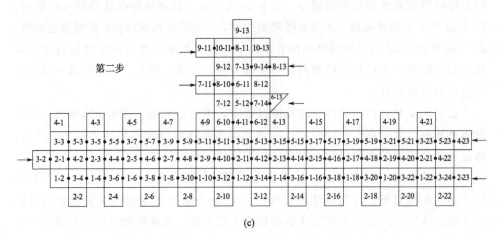

(c)

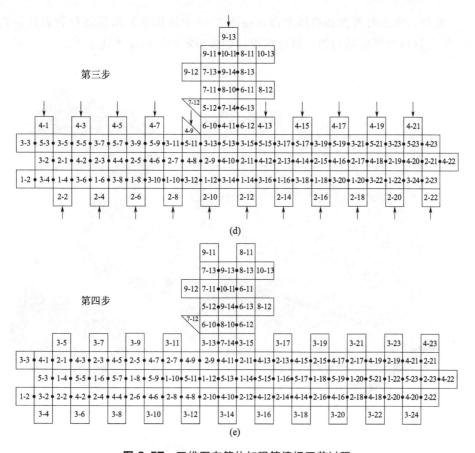

图 8-57　三维五向箱体加强筋编织工艺过程

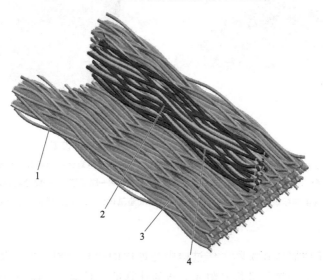

图 8-58　三维五向箱体加强筋局部编织模型

此外，考虑耐磨性和箱体寿命，在图 8-59 中箱体和轴承接触位置设计轴套 7，轴套材料为普通结构钢，通过螺栓将轴套固定在编织箱体壁 5 上。

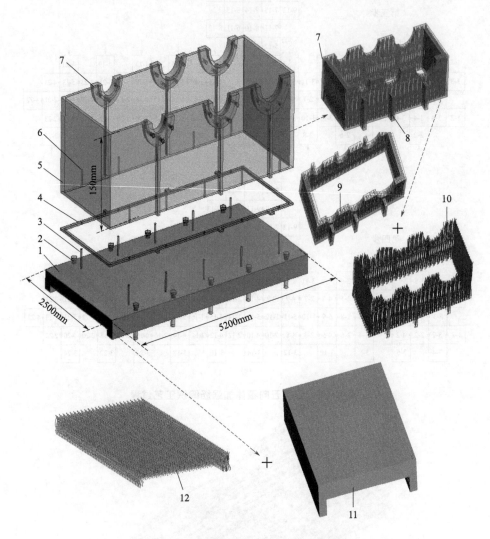

图 8-59 编织复合材料拼装箱体三维模型

1—复合材料底座；2—底座与地面固定螺栓；3—底座与复合材料箱体固定螺栓；
4—密封圈；5—复合材料箱体；6—螺纹孔；7—轴套；8—加强筋；9—复合材料箱体基体；
10—复合材料箱体编织预制体纱线；11—复合材料底座基体；12—复合材料底座编织预制体纱线

考虑到箱体底座在实际工作过程中与地面的接触面积较大、受力较为均匀，为减少后续对编织箱体进行有限元分析的计算量，对编织箱体的三维模型进行适当的简化，将箱体底板定义为等效材料模型，忽略箱体实际模型上的倒角、圆角、螺栓孔和放油孔等结构。

8.3.2　三维编织复合材料箱体约束施加和载荷计算

由于所建立的模型为局部模型，为了满足变形协调条件，在模型的两侧施加位移约束，根据实际情况在轴套位置施加相对应的应力载荷，考虑箱体在工作过程中和地面的相对运动较小，因此在箱体底座上施加固定约束，限制 X、Y、Z 三个方向的自由度。底座与复合材料箱体之间通过螺栓连接，螺栓上的预紧力 F_N 计算公式为：

$$F_N = \frac{T_N}{k_N d_0} \tag{8-7}$$

式中，T_N 为通过力矩扳手施加在螺栓上的扭转力矩；k_N 为拧紧力矩系数，根据文献取值 0.2；d_0 为螺栓的中径。

螺栓横截面上的拉伸正应力 σ_{max}^{blot} 和扭转剪切应力 τ_{max}^{blot} 计算公式为：

$$\sigma_{max}^{blot} = \frac{4F_N}{\pi d_0^2} = \frac{4T_N}{k_N d_0 \pi d_0^2} = \frac{20}{\pi d_0^3} \tag{8-8}$$

$$\tau_{max}^{blot} = \frac{0.5T_N}{k_N d_0^3/16} = \frac{8T_N}{\pi d_0^3} \tag{8-9}$$

8.3.3　三维编织复合材料箱体模型网格划分与材料定义

根据表 8-7 所示的参数定义不同材料的密度、泊松比和杨氏模量等属性参数。采用四面体形状进行网格划分，所有模型被划分为 146779 个单元、371300 个节点。

▫ **表 8-7　材料弹性性能参数**

材料	E_{11}/GPa	E_{22}/GPa	G_{12}/GPa	G_{23}/GPa	μ_{12}	ρ/(kg/mm³)
AS4 碳纤维	234.6	13.8	13.8	5.5	0.2	1.8
环氧基体	2.94		1.7		0.35	0.9
轴套 45 钢	206		79		0.3	7.85

8.3.4　三维编织复合材料箱体有限元静力学分析

设置完上述约束和材料之后，将上述模型导入有限元分析软件，分析得到应力和应变结果，如图 8-60～图 8-66 所示。

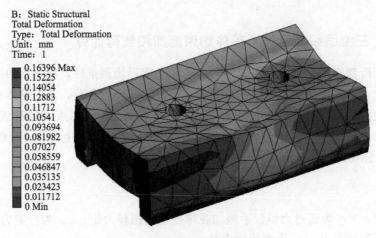

B：Static Structural
Total Deformation
Type：Total Deformation
Unit：mm
Time：1

0.16396 Max
0.15225
0.14054
0.12883
0.11712
0.10541
0.093694
0.081982
0.07027
0.058559
0.046847
0.035135
0.023423
0.011712
0 Min

图 8-60　编织箱体底座变形云图

图 8-60 为编织箱体底座变形云图，由于箱体和加强筋材料截面呈现"T"形，因此底座的变形云图呈现"T"形，并且由内到外变形逐步减少。图 8-61 为编织箱体底座和箱体变形云图，由图 8-61 和图 8-62 可知，箱体由上到下，变形逐步减小。

B：Static Structural
Total Deformation
Type：Total Deformation
Unit：mm
Time：1

0.0064985 Max
0.0060343
0.0055701
0.0051059
0.0046418
0.0041776
0.0037134
0.0032492
0.0027851
0.0023209
0.0018567
0.0013925
0.00092835
0.00046418
0 Min

图 8-61　编织箱体底座和箱体变形云图

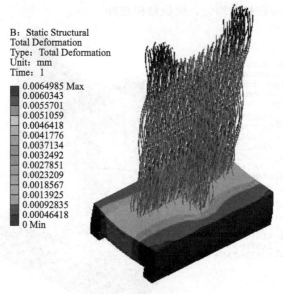

图 8-62 编织箱体底座和箱体纤维变形云图

图 8-63～图 8-65 为应变云图，由图可知，纤维作为复合材料的编织箱体的骨架，承受了大部分载荷，纤维在越靠近轴套的位置变形和应力越大。编织加强筋纤维在越靠近轴套的位置变形越大，应力分布相对均匀。

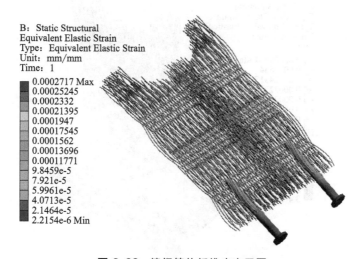

图 8-63 编织箱体纤维应变云图

图 8-66 为编织箱体底座和箱体纤维应力云图，由图可知，箱体和加强筋上

的编织纤维应力分布相对均匀，编织结构较好。

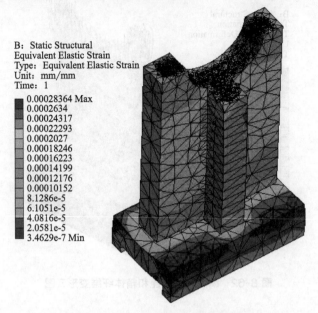

B: Static Structural
Equivalent Elastic Strain
Type: Equivalent Elastic Strain
Unit: mm/mm
Time: 1

0.00028364 Max
0.0002634
0.00024317
0.00022293
0.0002027
0.00018246
0.00016223
0.00014199
0.00012176
0.00010152
8.1286e-5
6.1051e-5
4.0816e-5
2.0581e-5
3.4629e-7 Min

图 8-64 编织箱体底座和箱体应变云图

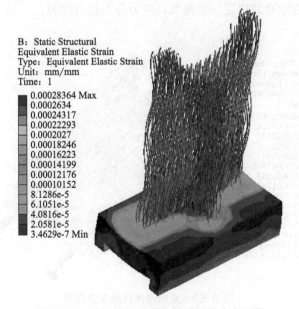

B: Static Structural
Equivalent Elastic Strain
Type: Equivalent Elastic Strain
Unit: mm/mm
Time: 1

0.00028364 Max
0.0002634
0.00024317
0.00022293
0.0002027
0.00018246
0.00016223
0.00014199
0.00012176
0.00010152
8.1286e-5
6.1051e-5
4.0816e-5
2.0581e-5
3.4629e-7 Min

图 8-65 编织箱体底座和箱体纤维应变云图

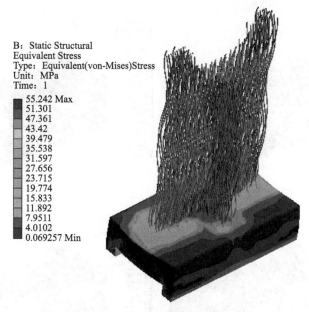

B: Static Structural
Equivalent Stress
Type: Equivalent(von-Mises)Stress
Unit: MPa
Time: 1

55.242 Max
51.301
47.361
43.42
39.479
35.538
31.597
27.656
23.715
19.774
15.833
11.892
7.9511
4.0102
0.069257 Min

图 8-66 编织箱体底座和箱体纤维应力云图

8.3.5 三维编织复合材料箱体有限元模态分析

为了进一步研究编织复合材料箱体振动特性，根据仿真参数建立箱体模型，如图 8-67 所示，设置材料的泊松比 $\nu_1=0.25$、密度 $\rho_1=7300\mathrm{kg/m^3}$，弹性模型 $E_1=130\mathrm{GPa}$，设置箱体的底板为固定约束，求解得到 HT200 材料箱体的前六阶模态结果，如图 8-67 所示。

取三维五向编织复合材料泊松比 $\nu_2=0.3$、密度 $\rho_1=1350\mathrm{kg/m^3}$，弹性模量 $E_x=96\mathrm{GPa}$，$E_y=8\mathrm{GPa}$，$E_z=8\mathrm{GPa}$，剪切模量 $G_{xy}=2.7\mathrm{GPa}$，$G_{xz}=5.2\mathrm{GPa}$，$G_{yz}=5.2\mathrm{GPa}$，利用等效参数法设置复合材料属性，求解得到箱体的前六阶模态结果，如图 8-68 所示。

将图 8-67 和图 8-68 两种材料得到的前六阶模态固有频率分别列在表 8-8 中，通过对比两组固有频率可以发现，复合材料箱体的各阶固有频率均在不同程度上大于 HT200 材料箱体，根据 $\omega_n=\sqrt{\dfrac{K_n}{m_5}}$ 公式，箱体质量降低进而导致固有频率增大，仿真结果和实际基本相符，上述这个现象表明，复合材料箱体对于低频扰动的抗震性较好。

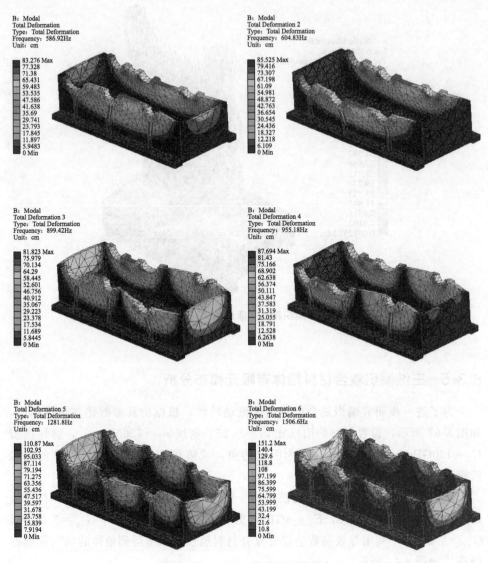

图 8-67　HT200 箱体前六阶模态

⊡ 表 8-8　固有频率对比

单位：Hz

项目	第一阶	第二阶	第三阶	第四阶	第五阶	第六阶
HT200	586.92	604.83	899.42	955.18	1281.8	1506.6
复合材料	655.88	675.39	999.76	1044.9	1697.1	1805.7

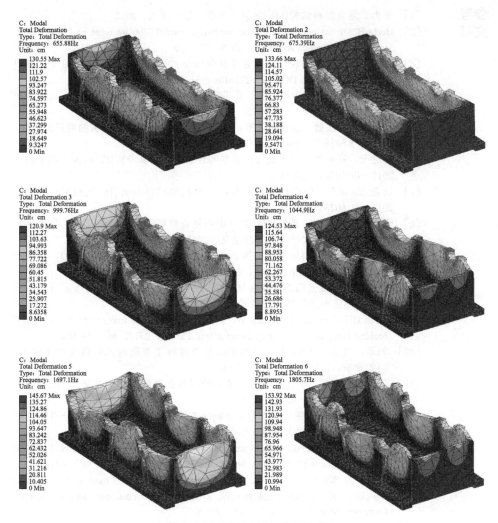

图 8-68 HT200 箱体前六阶模态

参考文献

[1] 张力. 复合材料齿轮[M]. 北京：清华大学出版社，2012.

[2] Hertz H. On the contact of elastic solids[J]. Journal für die reine und angewandte Mathematik（Crelles Journal），1880，92（156）.

[3] 封楠. 渐开线斜齿轮弯曲疲劳强度分析与试验方法研究[D]. 北京：机械科学研究总院，2019. DOI: 10. 27161/d. cnki. gshcs. 2019. 000019.

[4] 陈龙，郝婵娟，汪中厚，等. 单齿啮合的齿轮接触等几何分析[J]. 机械工程学报，2021，57（3）：107-115.

[5] 侯祥颖，方宗德，蔡香伟，等. 基于 ABAQUS 齿轮接触分析的前后处理[J]. 机械科学与技术，2015，34（07）：993-996.

[6] 唐进元，刘艳平. 直齿面齿轮加载啮合有限元仿真分析[J]. 机械工程学报，2012，48（05）：124-131.

[7] 唐进元，周炜，陈思雨. 齿轮传动啮合接触冲击分析[J]. 机械工程学报，2011，47（07）：22-30.

[8] 张徐梁. 三维五向碳纤/玻纤混杂编织复合材料圆管的制备及能量吸收性能[D]. 上海：东华大学博士学位论文，2021.

[9] 萧胜磊. 复合材料用编织型预制体三维成型制造力学性能研究[D]. 大连：大连理工大学博士学位论文，2020.

[10] 张典堂. 三维五向编织复合材料全场力学响应特性及细观损伤分析[D]. 天津：天津工业大学博士学位论文，2015.

[11] Zhou H L，Hu D M，Zhang W，et al. The transverse impact responses of 3-D braided composite I-beam[J]. Composites：Part A，2017，94：158-169.

[12] 刘军，刘奎，宁博，等. 三维编织复合材料 T 型梁的低温场弯曲性能[J]. 纺织学报，2019，40（12）：57-63.

[13] 陈光伟，陈利，李嘉禄. 三维多向编织复合材料 T 型梁抗弯应力分析[J]. 纺织学报，2009，30（8）：54-59.

[14] 唐玉玲. 碳纤维复合材料连接结构的失效强度及主要影响因素分析[D]. 哈尔滨：哈尔滨工业大学博士学位论文，2015.

[15] Xu K，Xu X W. Finite element analysis of mechanical properties of 3D five-directional braided composites[J]. Materials Science and Engineering A，2008，487：499-509.

[16] Zhang C，Xu X W，Chen K. Application of three unit-cells models on mechanical analysis of 3D fivedirectional and full fivedirectional braided composites[J]. Applied Composite Materials. 2013，20（5）：803-825.

[17] 张超. 三维多向编织复合材料宏细观力学性能及高速冲击损伤研究[D]. 南京：南京航空航天大学博士学位论文，2013.

[18] 梁军，方国东. 三维编织复合材料力学性能分析方法[M]. 哈尔滨：哈尔滨工业大学出版社，2014.